现代水利水电工程建设与管理

姜　靖　于　峰　吴振海 ◎著

中国出版集团　现代出版社

图书在版编目（CIP）数据

现代水利水电工程建设与管理 / 姜靖，于峰，吴振海著. -- 北京 : 现代出版社，2022.4
ISBN 978-7-5143-9839-7

Ⅰ. ①现… Ⅱ. ①姜… ②于… ③吴… Ⅲ. ①水利水电工程－工程管理－研究 Ⅳ. ①TV5

中国版本图书馆CIP数据核字(2022)第048753号

现代水利水电工程建设与管理

作　　者　姜　靖　于　峰　吴振海
责任编辑　田静华
出版发行　现代出版社
地　　址　北京市朝阳区安外安华里504号
邮　　编　100011
电　　话　010-64267325　64245264(传真)
网　　址　www.1980xd.com
电子邮箱　xiandai@vip.sina.com
印　　刷　北京四海锦诚印刷技术有限公司
版　　次　2023年5月第1版 2023年5月第1次印刷
开　　本　185 mm×260 mm　1/16
印　　张　11.5
字　　数　268千字
书　　号　ISBN 978-7-5143-9839-7
定　　价　58.00元

前　言

当前，我国水利水电工程建设正处于高速发展时期，随着国家对水利水电行业的重视并提供相关政策与资金的支持，水利水电建设事业正面临着良好的发展机遇。与此同时，人们也越来越重视对水利水电建设项目的规范管理和科学的评估。

几十年来，工程项目管理在我国水利水电建设领域得到了广泛应用。特别是大中型水利水电建设项目，工程量大，参与单位较多，工程实施情况复杂。低水平的管理往往会造成财力、物力、人力的巨大浪费，使工程进度缓慢且质量得不到保证。因此，对项目实行科学规范的管理显得尤为重要。这就要求业主、承包人（包括勘察设计单位）和监理单位的管理人员具有更高更专业的管理水平。与之相适应的水利水电建设项目的管理理论及其实施方法也应更全面、更详尽、更规范。

本书首先探讨了水利水电工程的基础知识与施工组织；其次讲述了几种常见的水利施工建设以及在施工过程中的安全管理与质量控制；最后叙述了水利水电工程管理的地位和作用。通过言简意赅的语言、丰富全面的知识点以及清晰系统的结构对现代水利水电工程建设与管理进行了全面深入的分析与研究，充分体现了科学性、发展性、实用性、针对性等特点。本书能为现代水利水电工程建设与管理相关理论的深入研究提供借鉴。

作者撰写本书过程中，参考和借鉴了一些知名学者和专家的观点及论著，在此向他们表示深深的感谢。由于作者水平和时间所限，书中难免会出现不足之处，希望各位读者和专家能够提出宝贵意见，以待进一步修改，使之更加完善。

目　录

第一章　水利水电工程概述

第一节　水利事业

为了充分利用水资源，研究自然界的水资源，对河流进行控制和改造，采取工程措施合理使用和调配水资源，以达到兴利除害的各部门从事的事业统称为水利事业。水利水电工程是以水力发电为主的水利事业。

水利事业的根本任务是除水害和兴水利。除水害主要是防止洪水泛滥和旱涝成灾；兴水利则是从多方面利用水资源为人类服务。主要措施包括：兴建水库、加固堤防、整治河道、增设防洪道、利用洼地湖泊蓄洪、修建提水泵站及配套的输水渠道和隧洞。

水利事业的效益主要有防洪、农田水利、水力发电、工业及生活供水、排水、航运、水产、旅游等。

一、防洪

洪水造成的危害，轻者会毁坏良田，重者则会造成工业停产、农业绝收，甚至使人民生命财产受到威胁。水害发生往往是大面积的。由于目前的水文预报还远未尽如人意，因此，防洪往往是水利事业的头等大事。

防洪是指根据洪水规律与洪灾特点，研究并采取各种对策和措施，以防止或减轻洪水灾害，保障社会经济发展的水利工作。其基本工作内容有防洪规划、防洪建设、防洪工程的管理和运用、防汛（防凌）洪水调度和安排、灾后恢复重建等。防洪措施包括工程措施和非工程措施。防洪也是水利科学的一项重要专业学科。防止洪灾的措施主要有以下几项。

（一）增加植被，加强水土保持

在植被情况好的地方，树木、草丛可以截留和拦蓄部分雨水，减缓坡面上的水流速度，延缓洪水形成过程，从而减少洪峰流量。良好的植被能够保护地表土壤免受水流冲刷，减少坡面水土流失和河道泥沙；还能够增加土壤中的含水量，改善空气中的湿润程度。

（二）提高河槽行洪能力

由于降水量等因素的影响，河道内洪水流量有大有小，河水水位有涨有落。在相对宽阔的河道中，往往会形成一些滩地。在通常情况下，这些河滩地常年无水，只有在洪水期才漫滩行洪，河滩处水面陡然变宽。河水一旦漫滩，河道的过流能力迅速加大，有利于洪水通过。河滩地是行洪的重要通道，是防洪的安全储备，不应随意侵占。

（三）提高蓄洪、滞洪能力

滞洪和蓄洪是利用水库、湖泊、洼地等完成的。特别是修建水库，是当前提高防洪能力的重要设施。水库的巨大库容，能够蓄积和滞留大量的洪水，削减下泄洪峰流量，从而减轻和消除下游河道可能发生的洪灾。

天然湖泊的广大水域在洪水过程中能够大量地减滞、囤积洪水，降低洪水水位。因此，在修建大型水库的同时，也要重视天然水域的蓄洪、滞洪作用。前些年，洞庭湖面积锐减，使之滞洪能力降低，是此地区洪水灾害频发的重要原因之一。长江流域发生全流域特大洪水后，中央做出在洞庭湖和鄱阳湖实行退田还湖政策的决定，使这些湖泊在滞洪、蓄洪方面发挥了重要作用。

在河道泄洪能力不足的上游某处设置分洪区，修筑分洪闸，将超过下游河段安全泄量的部分洪水引入分洪区，以保证下游河段的安全。分洪区是滞洪的非常措施。选择适当的时候向分洪区分洪，能在抗洪的关键时刻舍弃局部利益，保全大局。

二、农田水利

在全国的总用水量中，80% 以上的用水量是农业用水。良好的排灌水利设施是保证农业丰收的主要措施。修建水库、堰塘、渠道、泵站等水利设施可以提高农业的生产保障，是水利事业中的重要内容。

农田水利在国外一般称为灌溉和排水。农田水利涉及水力学、土木工程学、农学、土壤学以及水文、气象、水文地质及农业经济等学科。其任务是通过工程技术措施对农业水资源进行拦蓄、调控、分配和使用，并结合农业技术措施进行改土培肥，扩大土地利用范围，以达到农业高产稳产的目的。农田水利与农业发展有密切的关系，农业生产的成败在很大程度上取决于农田水利事业的兴衰。

三、水力发电

水能资源由太阳能转变而来，是以位能、压能、动能等形式存在于水体中的能量资源，亦称水力资源。广义的水能资源包括河流落差水能、海洋潮汐水能、波浪水能、海洋潮流水能、盐差能和深海温差能源。狭义的水能资源主要指河流水能资源。水在自然界周而复始地循环，从这种意义上而言，水能资源是一种取之不尽、用之不竭的能源。同时，水能资源是一种清洁能源。水能资源相对于石油、煤炭等不可再生、易产生污染的化石能源，具有不可比拟的优势。

水力发电就是利用蓄藏在江河、湖泊、海洋中的水能发电。现代技术主要是利用大坝拦蓄水流，形成水库，抬高水位，依靠落差产生的位能发电。水力发电不消耗水量，没有污染，清洁，运行成本低，是人类优先考虑发展的能源。

四、供水和排水

工业和民用供水要求供水质量好，供水保证率高。修建水库等储水供水设施可提高供水保证率和供水质量。

生活和工业污水排放是城市市政建设和工业设施的一部分。当前，污水排放是江河污染的源头，采用一定的污水处理措施是必要的。

五、航运及水产养殖

航运表示通过水路运输和空中运输等方式来运送人或货物。一般来说，水路运输所需时间较长，但成本较为低廉，这是空中运输与陆路运输所不能比拟的。水路运输每次航程能运送大量货物，而空运和陆运每次的负载数量则相对较少。因此，在国际贸易中，水路运输是较为普遍的运送方式。15 世纪以来，航运业的蓬勃发展极大地改变了人类社会与自然景观。一方面，水利水电工程修建了拦河大坝等建筑物后，阻隔了江河水流的天然通道，隔挡了船只的航行，需要在水利水电枢纽工程中修建船闸、升船机等通航建筑物，帮助船只克服上游水位抬升造成的落差，恢复全河段的河道通航问题；另一方面，某些河段在天然情况下，或是落差大、水流急，或是河滩多、水位浅。在这些河流中，有些只能季节性通航，有些却根本无法通航。高坝大库可以彻底解决深山峡谷的船只通航问题。在平原地区，用滚水坝、水闸等壅水建筑物来抬高河道水深，改善河道航运条件，延伸通航里程。这时，同样需要用通航建筑物使船只逐级通过这些建筑物。

修建水利工程为库区养鱼提供了广阔的水域条件。同时，水工建筑物影响了自然洄游鱼类的生存环境，需要用一定的措施来帮助鱼类生存，如在水利水电工程中增设鱼道、鱼闸等。

六、旅游及其他

大型水库宽阔的水域将库内一些山体包围成岛屿，形成有山有水的美丽风景，是旅游的理想去处，甚至工程自身也能成为旅游景点。库区旅游在许多地方成为旅游热点，例如浙江省新安江水库的千岛湖、湖北长江三峡水利枢纽、湖南来水东江水电站。

大型水利水电枢纽建设往往可以刺激当地经济发展，成为当地经济的支柱产业。丹江口水电站的建成，使丹江口由一个村贸小镇逐渐发展成为有10余万人口的新型城市。新安江水电站建成投产后，相继创建了全新的淳安、建德等中型城市。湖北省宜昌市充分利用葛洲坝工程和三峡工程建设的发展契机，使城市的经济建设获得两次较大的发展。

第二节　水利水电规划

一、水电站在电网中的作用

在一个较大的供电区域内，用高压输电线路将各种不同类别的发电站（火电站、水电站、核电站、风力电站、潮汐电站等）连接在一起，统一向用户供电所构成的系统，称为“电力系统”，也称“电网”。在电力系统中，用户在某一时刻所需电力功率称为“负荷”。负荷在一天中是不断变化的。在电力系统中，水电站、火电站、核电站、风力电站、潮汐电站等多种类型的发电站共同向电网供电。各种不同类型的发电站有其自身的特性，其在电力系统中的作用也各不相同。

与其他电站相比，水电站有以下几个工作特性：第一，发电能力和发电量随天然径流情况变化。在枯水年，水电站可能因来水不足而难以发挥效益。第二，发电机组开停灵活、迅速。水电站机组从停机状态到满负荷运行仅需要1～2分钟，能够适应电力系统中负荷的迅速变化和周期性波动。第三，建设周期长，运行费用低廉。水电站需要修筑挡水建筑物和泄水建筑物，以提供安全稳定的水能资源。整个工程的前期资金投入大，建设周期长。水电站建成以后，所需要的水能是一种廉价的、清洁的、不断循环的能源。通过水电站发电后的水体流入下游，不消耗水量。与火电站相比，水电站不需要燃料，也不会产生废料，运行成本大大低于火电站、核电站。

水电站拥有的这些特性决定了它在电力系统中的作用。具有较大库容的水库调节天然径流的能力强，能够将多余的水储存在水库中，供负荷增加或来水减少时使用，这种水电站在电网担任日负荷的峰荷，称为“调峰电站”。夏季，河道天然来水充足，电力系统应该充分利用廉价的水能资源发电，以避免因发电量不足而发生弃水，浪费水能资源。此时，水电站也承担部分腰荷和基荷。

水电站还可以利用其调节迅捷、方便的特点，调节电网频率，改善电力质量，这种电站称为“调频电站”。例如，湖北清江隔河岩水电站承担华中电网的调峰、调频任务。

二、水能利用和开发方式

水力发电是利用河流的水能发电，水电站的功能就是将这些水的机械能转变为电能。

河川径流从地势高的地方流向低处。水流流动有流速，即具有一定的动能。在自然条件下，河段间的水能消耗于水流与河道边壁的摩擦中。这个摩擦阻力将大部分水能转化为热能。河道断面不变的情况下，河道流速不变。摩擦阻力沿程消耗水的势能，在河段两断面之间产生落差。要利用这些水能资源发电，需要将天然河流中分散状态下消耗的水能集中起来加以利用。水电站筑坝建库后，水流流速接近于零，积蓄的水能集中为坝前落差。

水能开发方式按调节流量的方式，可分为蓄水式和径流式。蓄水式水电站用较高的拦河坝形成水库，在短距离内抬高水头，集中落差发电。蓄水式水电站适用于山区水流落差大，能够形成较大水库的情况，如长江三峡水电站、雅砻江二滩水电站、汉江丹江口水电站、清江水布垭水电站等。径流式水电站没有水库，或水库库容相对很小，落差较小，主要利用天然径流发电。径流式水电站适用于河道较平缓、河道流量较大的情况，如长江葛洲坝水电站、汉江王甫洲水电站、珠江北江飞来峡水电站等。

水能开发方式按集中落差的方式，大致可分为坝式水电站、引水式水电站和混合式水电站三种。坝式水电站是在河道上修筑大坝，截断水流，抬高水位，在靠大坝的下游建造水电站厂房，甚至用厂房直接挡水。引水式水电站一般仅修筑很低的坝，通过取水口将水引到较远的、能够集中落差水电站厂房。引水式水电站对上游造成的影响小，造价相对较低，为许多中小型水电站采用。混合式水电站修建有较高的拦河大坝，用水库调节水量；水电站厂房修建在坝址下游有一定距离的某处合适地方，用输水隧洞或输水管道将发电用水从水库引到水电站厂房发电。混合式水电站多用于土石坝枢纽以及建于山区性狭窄河谷的枢纽，比较典型的布置方式是拦河坝修建在岩基坚硬、河谷狭窄的地方，厂房修建在河谷出口的开阔地带。这样既能使工程量省，又便于布置，还能利用坝址至厂房间的河道落差。湖北的古洞口水电站、峡口水电站，湖南的贺龙水电站均采用这种形式。

三、水库的特征水位及其库容

在河道上修筑建筑物(拦河坝、水闸)拦截水流、抬高水位而形成的水体称为“水库”。在水利水电工程中，水库是径流调节的主要设施。它吞吐水量，并根据发电量的大小调节下泄流量。水库的规模应根据整个河流规划情况，综合考虑政治、经济、技术、运用等因素来确定。根据工程运行情况，水库具有许多特征水位。水库的主要特征水位和相应库容如图 1-1 所示，其中，1 为死水位，2 为防洪限制水位，3 为正常蓄水位，4 为防洪高水位，5 为设计洪水位，6 为校核洪水位。

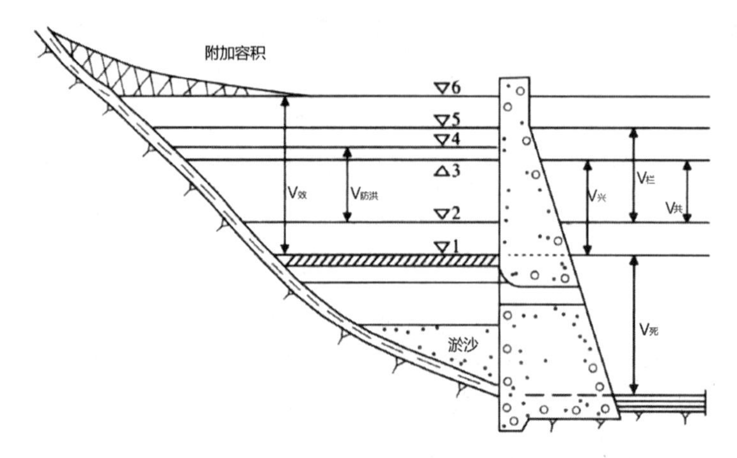

图 1-1　水库特征水位及相应库容

（一）正常蓄水位

正常蓄水位指设计枯水年 (或枯水期) 开始供水时应蓄到的水位，又称“正常高水位”或“设计兴利水位”。

正常蓄水位是水库设计中非常重要的参数，它关系到枢纽规模、投资成本、工程效益、库区淹没、生态环境、经济发展等重大问题，应该进行综合评价后确定。

正常蓄水位是水库在正常运用时，允许长期维持的最高水位。在没有设置闸门的水库中，泄水建筑物的正常蓄水位等于溢流堰顶。在梯级开发的河流上，正常蓄水位要考虑与上一级水电站的尾水位相衔接，最大限度地利用水能资源。

（二）死水位与死库容

死水位是允许库水位消落的最低水位。死水位以下的库容称为“死库容”，为设计所不利用。死水位以上的静库容称为“有效库容”。

死水位的选定与各兴利部门的利益密切相关。灌溉和给水部门一般要求死水位相对低些，这样可获得更多的水量。发电部门常常要求有较高的死水位，以获得较多的年发电量。有航运要求的水库，要考虑死水位时库首回水区域能够保持足够的航运水深。在多泥沙河流，还要考虑泥沙淤积的影响。

（三）兴利库容

兴利库容是正常蓄水位与死水位之间的库容，又称为“调节库容”，用以调节径流，提供水库的供水量。正常蓄水位与死水位之间的水库水位差称为“水库消落深度”。

（四）防洪限制水位

防洪限制水位是指水库在汛期允许兴利蓄水的上限水位，也称“汛期限制水位”。

在汛期，将水库运行水位限制在正常蓄水位以下，可以预留一部分库容，增大水库的调蓄功能。待汛期结束时，才将库水位升蓄到正常蓄水位。水库可以根据洪水特性和防洪要求，在汛期的不同时期规定出不同的防洪限制水位，以便更有效地发挥水库效益。防洪限制水位至正常蓄水位之间的库容称为“重叠库容”。

（五）防洪高水位和防洪库容

当水库的下游河道有防洪要求时，对于下游防护对象根据其重要性采用相应的防洪标准，从防洪限制水位开始，经过水库调节防洪标准洪水后，在坝前达到的最高水位，称为防洪高水位。防洪高水位与防洪限制水位之间的库容称为“防洪库容”。防洪库容与兴利库容之间的位置有以下三种结合形式。

1. 不结合

防洪限制水位等于正常蓄水位，重叠库容为零。水库需要在正常蓄水位以上另外增加库容用于防洪，大坝的坝体相对较高。不结合方式的水库运行管理简单，但是不够经济，中小型工程的水库常常采用这种结合形式。不结合方式的溢洪道一般不设闸门控制泄流量。

2. 完全结合

防洪高水位等于正常蓄水位，重叠库容等于防洪库容。这种形式的防洪库容完全包容在兴利库容之中，不需要加高大坝，是最经济的防洪形式。对于汛期洪水变化规律稳定，或具有良好的水情预报系统的水库可以采用这种形式。

3. 部分结合

部分结合是一般水库采用的形式，结合部分越多越经济。

（六）设计洪水位和拦洪库容

当水库遭遇到超过防洪标准的洪水时，水库的首要任务是保证大坝安全，避免发生毁灭性的灾害。这时，所有泄水建筑物不加限制地敞开下泄入库洪水。保证拦河坝安全的设计标准洪水称为“设计洪水”。大坝的设计洪水远大于防洪标准洪水。例如，长江三峡工程，大坝的设计洪水为 1000 年一遇，但下游防洪标准在大坝建成以后也只能提高到百年一遇。从防洪限制水位开始，设计洪水经过水库的拦蓄调节以后，在水库坝前达到的最高水位称为“设计洪水位”。在设计洪水位下，拦河大坝仍然有足够的安全性。

设计洪水位与防洪限制水位之间的库容称为“拦洪库容”。

（七）校核洪水位和总库容

在遭遇到更大的可能稀遇洪水时，仍然要求拦河坝不会因洪水作用发生漫坝或垮塌等严重事故。水库在遭遇校核标准的洪水时，以泄洪保坝为主。大坝遭遇到校核洪水时，其安全裕量小于设计洪水。从防洪限制水位开始，水库拦蓄校核标准的洪水，经过调节下泄流量，水库在坝前达到的最高水位称为校核洪水位。

校核洪水位是水库可能达到的最高水位。校核洪水位以下的全部库容为总库容。校核洪水位与防洪限制水位之间的库容称为调洪库容。

（八）水库的动库容

上述各种库容统属于静库容。静库容是假定库内水面为水平时的库容。当水库泄洪时，由于洪水流动，水库上游部分水面受到水面坡降的影响向上抬高，直至某一断面与上游河道水面相切。水库因水流流动而导致水面上抬部分形成的库容称为附加库容。在库前同一水位下，水库的附加库容不是同定值。洪水流量越大，附加库容越大。附加库容与静库容合称为动库容。在洪水调节计算时，一般采用静库容即可满足精确度要求。在考虑上游淹没和梯级衔接时，则需要按动库容考虑。

第三节　水利工程地质

一、岩石的形成

（一）岩浆岩

岩浆岩又称火成岩，是岩浆侵入地壳上部或喷出地表凝固而形成的岩石。岩浆位于地壳深部和上地幔中，是以硅酸盐为主和一部分金属硫化物、氧化物、水蒸气及其挥发性物质组成的高温、高压熔融体，具有流动性。岩浆流动是地球物质运动的一种重要形式。当地壳运动出现大断裂或者岩浆的膨胀力超过了上部岩层压力时，岩浆沿断裂带或地壳薄弱地带侵入上部岩层，称为侵入运动。当岩浆喷出地表时，称为喷出作用。

主要的岩浆岩有花岗岩、花岗斑岩、流纹岩、正长岩、闪长岩、安山岩、辉长岩、辉绿岩、玄武岩、火山灰岩等。

岩浆岩可分为深成岩、浅层岩和喷出岩。由于岩石生成条件、结构、构造和矿物成分不同，其工程地质性质也不一样。

在地壳深部发生侵入作用形成的岩石称为“深成岩”。深成岩往往形成巨大侵入体，岩性一般较均匀，以中、粗粒结构为主，致密坚硬，孔隙很小，力学强度高，透水性弱，抗水性强。所以深成岩工程地质性质较好，常被选为良好的建筑物场地。但是，深成岩与其他岩石相比较易于风化，风化层厚度也大，作为地基或隧洞围岩时必须加以处理。

在地壳浅层处形成的岩石称为“浅成岩”。浅成岩矿物成分与深成岩相似，但产状、结构和构造却大不相同。浅成岩的产状多以岩床、岩脉、岩盘等形态存在，有时相互穿插，岩性不一。颗粒细小的岩石，强度高，不易风化；呈斑状结构的岩石，由于颗粒大小不均，所以较易风化，强度低。此外，这些小侵入体与其围岩接触的边缘部位，不但有明显的流纹、流层构造，而且本身岩石性质复杂，加之地质构造因素作用，岩石破碎，节理裂隙发育。因此，风化程度严重，透水性增大，作为大型水利水电工程地基时，需进行详细的勘探和试验工作，论证工程地质性质特征。

由喷出作用形成的岩石称为“喷出岩”，如玄武岩、安山岩、流纹岩及火山碎屑岩等。喷出岩的结构构造多种多样，一般而言，喷出岩的原生孔隙和节理发育、产状不规则，厚度变化较大，岩性很不均一。因此，其强度低、透水性高、抗风化能力差。但是，对于那些孔隙、节理不发育，颗粒细、致密玻璃质的喷出岩，如安山岩和流纹岩等强度很高、抗风化能力强的岩石，仍是良好的建筑物地基和建筑材料。应该特别注意的是，喷出岩多覆盖在其他岩层之上。尤其是新生代的玄武岩，常覆盖于松散沉积物和软溺岩层之上。在工程建设中，不仅要重视喷出岩的性质，而且要研究了解下伏岩层和接触带的岩石特征。

（二）沉积岩

在常温常压环境下，原先位于地表或接近地表的各种岩石受到外力（风、雨、冰、太阳、水流、波浪等）的作用，逐渐风化、剥蚀成大小不一的松散物质。大多数破碎物质在水流、风和重力的作用下被搬运到河口、湖海等处。在搬运过程中，松散物质进一步磨蚀变圆变小。随着搬运力减弱，被风、水所携带的物质逐渐沉积下来。沉积物具有明显的分选性，在同一地区沉积大小相近的颗粒。沉积物逐渐加厚，下部物质被上覆物质压密，成为较坚硬的岩石。这种风化、搬运、沉积和硬结而形成的岩石称为沉积岩。沉积岩广泛分布于地表，覆盖面占陆地表面积的70%。

主要的沉积岩有砾岩、角砾岩、砂岩、泥岩、页岩、石灰岩、白云岩、泥灰岩等。

沉积岩的工程地质特征与矿物成分胶结成岩作用以及层理和层面构造有关。尤为突出的是层理和层面构造影响较大。使岩石普遍发育有原生结构面，由于沉积物来源和沉积环境不同，岩性软弱相间，使沉积岩在垂直方向上和水平方向上，不但物质成分发生变化，而且具有明显的各向异性特征。

沉积岩分为碎屑岩、黏土岩、化学岩及生物化学岩四种类型。

碎屑岩是指由砾岩、砂岩等组成的岩类。其性质除了组成岩石的矿物影响外，主要取决于胶结物质和胶结形式。硅质胶结的岩石，强度高，抗水性强，抗风化能力高。而钙质、石膏质和泥质胶结的岩石则相反，在水的作用下可被溶解或软化，致使岩石性质更差。岩石为基底胶结，性质坚硬，抗水性较强，透水性弱，而接触胶结的岩石则相反。在碎屑岩中，一般粉砂质岩石比沙砾质岩石性质差，特别是钙质、泥质或石膏质结构的粉砂质岩石更为突出。如在我国南方各省出露的红色岩层，即属粉砂质岩类，岩石强度低，易风化，如夹有黏土岩层时，常被泥化形成泥化夹层，导致岩体稳定性降低。

黏土岩主要由黏土矿物组成，包括页岩和泥岩等，常与碎屑岩或石灰岩互层产出，有时呈连续的厚层状。黏土岩性质软弱，强度低，易产生压缩变形，抗风化能力较低。尤其是含有高岭石、蒙脱石等矿物的黏土岩，遇水后具有膨胀、崩解等特性。所以，在水利水电工程中，不适宜作为大型建筑物的地基。作为边坡岩体，也易于发生滑动破坏。这类岩石的优点是隔水性好，在岩溶地区修建水工建筑物时，可考虑利用它作为隔水岩层（不透水层）。

在化学岩及生物化学岩中，最常见的是由碳酸盐组成的岩石，以石灰岩和白云岩分布最为广泛。多数岩石结构致密、性质坚硬、强度较高。但主要特征是具有可溶性，在水流的作用下形成溶融裂隙、溶洞、地下暗河等岩溶现象。因此，在这类岩石地区筑坝，岩溶渗漏及塌陷是主要的工程地质问题。

（三）变质岩

当地壳运动或岩浆运动等造成物理化学环境发生改变时，原已存在的岩浆岩、沉积岩和变质岩受到高温、高压和其他化学因素作用，岩石的成分、结构和构造发生了一系列变化，这样生成的新岩石称为变质岩。

主要的变质岩有片麻岩、片岩、板岩、千枚岩、石英岩、大理岩等。变质岩的工程地质性质与变质作用及原岩的性质有关。大多数变质岩经过重结晶作用，有颗粒连接紧密，强度高、孔隙小、抗水性强、透水性弱的特点。例如，页岩经变质形成板岩，强度相应增大。多数变质岩片理、片麻理发育，沿片理方向强度低，垂直方向强度高，呈各向异性特征；且由于某些矿物成分（如黑云母、绿泥石、斜长石等）影响，使变质岩稳定性差，容易风化。由碳酸盐岩变质形成的大理岩，易溶于水，产生岩溶现象。变质岩一般年代较老，经受地质构造变动较多，因而破坏了岩石完整性、均一性。

变质岩可分为接触变质岩、动力变质岩和区域变质岩。

接触变质岩是岩浆侵入上部岩层时高温导致周围岩石产生的。与原岩比较，接触变质岩的矿物成分、结构和构造发生改变，使岩石强度比原岩高。但因侵入体的挤压，接触带附近容易发生断裂破坏，使岩石透水性增强，抗风化能力降低。所以对接触变质岩应着重研究其接触带的构造破坏问题。

动力变质岩是由构造变动形成的岩石，包括碎裂岩、压碎岩、糜棱岩、断层泥等。动力变质岩的性质取决于破碎物质成分、颗粒大小和压密胶结程度。若胶结不良，裂隙发育的岩石透水性强，强度也低，在岩体中形成构造结构面或者软弱夹层。

区域变质岩是大规模区域性地壳变动促使岩石变质产生的。区域变质岩分布范围广、厚度大、变质程度均一。

片麻岩随着黑云母含量增多和片麻理明显发育，其强度和抗风化能力显著降低。片岩包括很多类型，其中石英片岩性质较好、强度较大、抗风化能力强。而云母片岩、绿泥石片岩等，片状矿物较多，岩性较软弱，片理特别发育，力学强度低。尤其沿片理方向易产生滑动，一般不利于坝基和边坡岩体稳定。

板岩和千枚岩是浅变质的岩石，岩质软弱性脆，易于裂开呈薄板状。在水浸的条件下，板岩和千枚岩中的绢云母和绿泥石等矿物很容易重新分解为黏土矿物，且易发生泥化现象。

石英岩性质均一，致密坚硬，强度极高，抗水性能好，且不易风化，但性脆，受地质构造变动破坏后，裂隙断层发育，有时还夹有软弱泥化板岩，使岩石性质变坏。例如，江西上犹江坝址的石英岩和石英砂岩中夹有泥化板岩，抗滑稳定性差。筑坝时采取了相应的处理措施，才保证了大坝的安全。

大理岩强度高，但具有微弱可溶性，岩溶发育程度、规模大小以及对建筑物的影响等特点，是主要工程地质问题。

二、地质构造和地质现象

（一）层面和节理

沉积岩在形成过程中，由于沉积环境的改变，引起沉积物质的成分、颗粒大小、形状或颜色沿垂直方向发生变化而显示出成层现象。连续不断地沉积形成的单元岩层称为“层”。相邻两个层之间的界面称作“层面”。层面在地壳运动中能够发生倾斜、褶皱甚至翻转等变化。层面与水平面相交线的方向称为“走向”，其相交线称为“走向线”。垂直于走向线，沿层面最大倾斜线的水平方向称为“倾向”。岩层面与水平面所夹的锐角称为“倾角”。通常用走向、倾向和倾角来测定岩层的空间位置，称为“岩层的产状要素”。

节理一般又称为“裂隙”，普遍存在于岩体和岩层中，以构造应力作用形成的构造节理较为多见。构造节理具有明显的方向性和规律性。节理面也具有倾向、倾角。

层面和节理面是受力的薄弱面，在工程设计中要充分考虑这一因素。

（二）风化

长期暴露于地表的岩石在日晒、风吹、雨淋、生物等作用下，岩石结构逐渐崩解、破碎、疏松，甚至矿物成分发生变化，这种现象称为“风化”。岩石风化分为物理风化、化学风化和生物风化三种类型。岩石的抗风化能力因其矿物的成分及结构而有差异。岩石风化后，结构和构造被破坏，物理力学指标降低，孔隙率增大。严重风化的岩层不能满足工程建设的要求，需要挖除。

（三）岩溶

在可溶性岩石地区，地下水和地表水对可溶岩进行化学溶蚀、机械溶蚀、迁移、堆积作用，形成各种独特形态的地质现象，称为“岩溶”，岩溶现象可发生于地表或地下。常见的岩溶形态有石林、溶洞、落水洞等。岩溶地貌又称为“喀斯特地貌”。岩溶现象对水利水电工程的危害是非常严重的，它可能导致库区渗漏，降低岩体强度和稳定性。因此，在岩溶地区修建水电站时，要选择合适的坝址。特别是对岩溶造成的库区渗漏，在水电站建造以前要有充分的了解，并采取相应的预防措施。例如，湖北天楼地枕水电站的原设计为拱坝方案，在建造过程中因库区溶洞渗漏而被迫将坝址上移，改变为底栏栅引水方案。

（四）地震

地震又称“地动”“地振动”，是地壳构造运动引起地壳瞬时震动的一种地质现象。当地壳内部某处的地应力逐渐累积超过岩层的强度时，累积能量急剧释放，引起岩层破裂、断层错动和周围物质发生震动。强烈地震能够对地面建筑物造成巨大破坏。

地应力释放点称为“震源”，震源到地表的垂直距离称为“震源深度”，震源垂直向上在地面的投影位置称为“震中”。建筑物在地面上到震中的距离称为震中距，震中距越大，建筑物受到的影响越小。

一次地震中释放出来的能量大小称为“震级”，地震释放的能量越大，震级越高。地球表面的建筑物受到地震的影响程度除了与震级大小有关外，还与震中距、震源深度有关。震中距越小，地表建筑物受地震的影响越大；震源深度越浅，地表建筑物受地震的影响越大。地震烈度是地震时地面及建筑物受到影响和破坏的程度，与震级、震中距、震源深度、地震波通过的介质条件等多种因素有关。一次地震只有一个震级，而震中周围的地震烈度随着震中距加大形成不同的地震烈度区。一个地区在今后一定时期内，在一般场地条件下可能普遍遭遇到的最大地震烈度称为“地震基本烈度”。某一地区的基本烈度由国家地震局根据实地调查、历史记录、仪器记录并结合地质构造情况综合分析研究确定。在工程设计时，针对建筑物的重要性予以调整后所采用的抗震设计的地震烈度称为“设计烈度”。一般建筑物往往以基本烈度作为设计烈度，非常重要的永久性建筑物可根据需要将设计烈度提高 1 ～ 2 度，临时建筑物和次要建筑物则可适当降低 1 ～ 2 度。

发生地震时，震动以波动的形式从震源处向各个方向传播。传到建筑物处的地面波分为水平波和垂直波。受地震波的影响，建筑物承受到地面传递的地震加速度。

（五）断层

断层是地壳在构造应力作用下岩层发生位移形成的地质构造。断层在地壳中广泛分布，形态各异，大小不一。小断层在岩石标本上就可以看到，大断层可延伸数百千米。岩层发生位移的错动面称为“断层面”，断层面与地面的交线称为“断层线”，较大的断层错动常形成一个带，包括断层破碎带与影响带。破碎带是指断层错动而破裂和搓碎的岩石碎块、碎屑部分；影响带是指受断层影响、节理发育或岩层产生牵引的弯曲部分。

断层按其形态分为正断层、逆断层和平移断层。断层面两侧相对位移的岩块称为“岩盘”。正断层的基本特征是上盘相对下移、下盘相对上移。逆断层则向反方向相对移动。平移断层的两岩盘相对水平移动。

断层破坏了岩体的完整性，降低了岩石的强度，增加了岩体的透水性。断层使坝基容易沿断裂结构面产生滑动。选择坝址的隧洞洞线时，原则上要避开大断层破碎带。对较小的断层，要探明走向和层面，采取适当的工程措施加以处理。

（六）地下水

地下水是埋藏在地表以下的各种状态的水，是地球上水体的重要组成部分。地下水以多种形式存在于地下，是河川径流的重要补给源之一。地下水与地表水相互转换、相互补充。

按地下水的埋藏条件，地下水分为包气带水、潜水和承压水。包气带水是土壤中的局部隔水层阻托滞留聚集而成，是具有自由水面的重力水。潜水是饱和土壤的最上层具有表面的含水层中的水，潜水的水面形成地下水位面。在重力作用下，潜水在土壤中由高处向低处流动，称为“渗流”。流动的潜水面具有倾斜的坡度，称为“渗流水力坡降”。承压水是充满于上下两个稳定隔水层之间的含水层中的重力水。承压水没有自由水面，类似于有压管道的水流。

按含水层空隙性质，地下水可分为孔隙水、裂隙水和岩溶水。

水利水电工程修成并可以蓄水后，改变了地表水的分布，促使地下水径流条件发生变化，会抬高库区周边相当范围内的地下水水位，使附近的地区被浸没，农田盐渍化或沼泽化。

在地下水丰富的地区，对地下洞室施工或基坑的开挖和排水工作有较大影响。

第四节　水利水电建设发展

中华人民共和国成立后，在水利水电建设方面取得的主要成绩有以下几个。

一、整治大江大河，提高防洪能力

在大江大河中，长江是我国第一黄金水道。新中国成立以来，整治加固荆江大堤等中下游江堤 3750 千米，修建荆江分洪区等分洪、蓄洪工程，下荆江段河道裁弯工程，在长江上中游的支流上修建了安康、黄龙滩、丹江口、王甫洲、东风、乌江渡、龚嘴、铜街子、五强溪、凤滩、东江、江垭、安康、古洞口、隔河岩、高坝洲、水布坪、二滩等大中型水利工程，干流上有葛洲坝、三峡工程。已经建成的三峡工程，在治理长江方面起到不可替代的作用。

黄河是中国的母亲河，但黄河水患更甚于长江。自公元前 602 年至公元 1938 年，黄河下游决口年份有 543 年，并多次改道。新中国成立以来，整治堤防 2127 千米，修建东平湖分洪工程和北金堤分（滞）洪工程，在干流上修建了龙羊峡、李家峡、刘家峡、青铜峡、盐锅峡、八盘峡、万家寨、天桥、三门峡、陆浑、伊河，故县（洛河）、小浪底等水利工程。

淮河流域修建了淮北大堤、三河闸、二河闸等排洪工程和佛子岭、梅山、响洪甸、磨子潭等 5700 多座大、中、小型水库，其干流标准提高到四五十年一遇。

二、修建了一大批大中型水电工程

中华人民共和国成立以来，水电建设迅猛发展，工程规模不断扩大。在代表性的水利水电工程中，20 世纪 50 年代有浙江新安江水电站、湖南资水柘溪水电站、甘肃黄河盐锅峡水电站、广东新丰江水电站、安徽梅山水电站等；20 世纪 60 年代有甘肃黄河刘家峡水电站、湖北汉江丹江口水电站、河南黄河三门峡水电站等；20 世纪 70 年代有湖北长江葛洲坝水电站、贵州乌江乌江渡水电站、四川大渡河龚嘴水电站、湖南凤滩水电站、甘肃白龙江碧口水电站等；20 世纪 80 年代有青海黄河龙羊峡水电站、河北滦河潘家口工程、吉林松花江白山水电站等；20 世纪 90 年代有湖南沅水五强溪水电站、广西红水河岩滩水电站、湖北清江隔河岩水电站、青海黄河李家峡水电站、福建闽江水口水电站、云南澜沧江漫湾水电站、贵州乌江东风水电站、四川雅砻江二滩水电站、广西和贵州南盘江天生桥一级水电站等；21 世纪有三峡水电站、小浪底水电站、大朝山水电站、棉花滩水电站、龙滩水电站、水布垭水电站等。

三、设计施工水平不断提高

半个世纪以来，我国的坝工技术得到了高度发展。已建成的大坝有实体重力坝、宽缝重力坝、空腹重力坝、重力拱坝、拱坝、连拱坝、平板坝、大头坝、土石坝等多种坝型。建成了大量 100 ～ 150 米高度的混凝土坝和土石坝，进行了 200 ～ 300 米量级的高坝的研究、设计和建设工作。

计算机的引入，使坝工建设更加科学、更加精确、更加安全。CAD 技术大大降低了设计人员的劳动强度，提高了设计水平，缩短了设计周期。计算技术从线性问题向非线性问题发展，弹塑性理论使结构分析更符合实际，大坝计算机仿真模拟、可靠度设计理论、拱坝体形优化设计理论、智能化程序等，使大坝设计更安全、更经济、更快捷。

在泄水消能方面，我国首创了重力坝宽尾墩消能工，并进一步将其发展到与挑流、底流、戽流相结合，改善消能效果，增加单宽流量。拱坝采用多层布置、分散落点、分区消能，有效地解决了狭窄河谷内大泄量消能防冲问题。此外，窄缝消能工、阶梯式溢流面消能工、异型挑坎、洞内孔板消能工等不同形式的消能工应用于不同的工程，以适应不同的地质、地形条件和枢纽布置。

施工方面，碾压混凝土坝、面板堆石坝、大型地下厂房的开挖和衬护，预裂爆破、定向爆破、喷锚支护，过水土石围堰，高压劈裂灌浆地基处理、高边坡处理、隧洞一次成形技术等新坝型、新技术、新工艺代表着我国坝工建设的发展成就。特别是葛洲坝大江截流，截流流量 4400 立方米 / 秒，历时 36 小时 23 分钟，是我国水电建设的一大壮举。二滩水电站双曲拱坝年浇筑混凝土 152 万立方米，月浇筑 16.3 万立方米，达到了狭窄河谷薄拱坝混凝土浇筑的世界先进水平。大型施工机械和施工机械化缩短了水利水电工程施工周期。

我国水利建设从重点开发开始走向系统性综合开发。例如，黄河梯级工程、三峡工程和长江干流梯级工程、南水北调工程等重大工程项目的计划和实施，使我国的水利事业逐渐提升到一个新的水平。

第二章　水利工程施工组织

第一节　理论知识

随着人类社会在经济、技术、社会和文化等各方面的发展，建设工程项目管理理论与知识体系的逐渐完善，进入21世纪以后，在工程项目管理方面出现了以下新的发展趋势。

一、建设工程项目管理的国际化

随着工程项目管理理论的推广应用和基本建设管理体制改革的不断深入，我国的工程项目管理方式日益与国际接轨。

（一）建设工程项目管理方式的国际化

1. 建筑业企业以行政管理的方式进行工程建设改变为工程项目管理的新型组织方式

多年来，国有建筑业企业的施工项目管理模式和内部管理体制发生了根本的改变，项目经理部和项目经理作为一次性的施工生产组织、一次性的成本管理中心、一次性的企业法人授权管理者的新型生产组织形式和项目经理责任制度已被建筑业企业普遍接受，以项目经理责任制为核心的新型管理机制逐步形成；构筑了以总承包企业为龙头、专业承包企业为骨干、劳务分包企业为基础的多元化工程承包体系。

2. 工程总承包作为国际普遍的生产组织方式在我国逐步得到推广

随着我国工程项目管理体制改革的不断深入，工程咨询、招标投标、工程监理、工程总承包等新的模式在建设工程项目上被引入并实施。特别是工程总承包作为一种先进的生产组织方式，显示出越来越强劲的生命力。

工程项目管理的国际化水平体现在企业项目管理中使用的现代化管理方法、全新的项目管理理念、项目完成后的良好经济效益以及用户对建筑产品的满意度。建筑业企业积极采用先进的项目管理方法和管理模式，参与市场竞争，提高企业核心竞争力，使项目管理的国际化水平逐步提高。

（二）建设工程项目管理人才培养的国际化

我国工程项目管理走向世界，取决于项目管理人才的高素质，特别是项目经理的高素质尤为关键。项目经理作为项目执行的实际领导者对项目实施的成败起决定性的作用。随着项目管理的专业化发展，项目经理的职业化与国际化发展成为一种趋向。多年来，在政府强有力的政策引导下，我国的建筑业企业培养造就了一支掌握现代先进项目管理技术和方法，了解财务管理、合同管理、风险管理等相关知识，具有丰富工程经验，政治思想过硬，年龄结构趋于合理的专业化、职业化项目管理队伍。

二、建设工程项目管理的信息化

伴随着计算机和互联网走进人们的工作与生活，以及知识经济时代的到来，工程项目管理的信息化已成必然趋势。作为当今更新速度最快的计算机技术和网络技术在企业经营管理中普及应用的速度迅猛，而且呈现加速发展的态势。这给项目管理带来很多新的生机，在信息高度膨胀的今天，工程项目管理越来越依赖于计算机和网络，无论是工程项目的预算、概算、工程的招标与投标、工程施工图设计、项目的进度与费用管理、工程的质量管理、施工过程的变更管理、合同管理，还是项目竣工决算都离不开计算机与互联网，工程项目的信息化已成为提高项目管理水平的重要手段。

三、建设工程项目全寿命周期管理

建设工程项目全寿命周期管理就是运用工程项目管理的系统方法、模型、工具等对工程项目相关资源进行系统的集成，对建设工程项目寿命期内各项工作进行有效的整合，并达成工程项目目标和实现投资效益最大化的过程。

建设工程项目全寿命周期管理是将项目决策阶段的开发管理，实施阶段的项目管理和使用阶段的设施管理集成为一个完整的项目全寿命周期管理系统，是对工程项目实施全过程的统一管理，使其在功能上满足设计需求，在经济上可行，达到业主和投资人的投资收益目标。所谓项目全寿命周期是指从项目前期策划、项目目标确定，直至项目终止、临时设施拆除的全部时间年限。建设工程项目全寿命周期管理既要合理确定目标、范围、规模、建筑标准等，又要使项目在既定的建设期限内，在规划的投资范围内，保质保量地完成建设任务，确保所建设的工程项目满足投资商、项目的经营者和最终用户的要求；还要在项目运营期间，对永久设施物业进行维护管理、经营管理，使工程项目尽可能地创造最大的经济效益。这种管理方式是工程项目更加面对市场，直接为业主和投资人服务的集中体现。

四、建设工程项目管理专业化

现代工程项目投资规模大、应用技术复杂、涉及领域多、工程范围广泛的特点，带来了工程项目管理的复杂性和多变性，对工程项目管理过程提出了更新更高的要求。因此，专业化的项目管理者或管理组织应运而生。在项目管理专业人士方面，通过 IPMP（国际项目管理专业资质认证）和 PMP（国际资格认证）考试的专业人员就是一种形式。在我国工程项目领域的执业咨询工程师、监理工程师、造价工程师、建造师，以及在设计过程中的建设工程师、结构工程师等，都是工程项目管理人才专业化的形式。而专业化的项目管理组织—工程项目（管理）公司是国际工程建设界普遍采用的一种形式。除此之外，工程咨询公司、工程监理公司、工程设计公司等也是专业化组织的体现。可以预见，随着工程项目管理制度与方法的发展，工程管理的专业化水平还会有更大的提高。

第二节　水利工程施工项目管理

施工项目管理是施工企业对施工项目进行有效的掌握控制，主要特征包括：一是施工项目管理者来自建筑施工企业，他们对施工项目全权负责；二是施工项目管理的对象是施工项目，具有时间控制性，也就是施工项目有运作周期（投标—竣工验收）；三是施工项目管理的内容是按阶段变化的。根据建设阶段及要求的变化，管理的内容具有很大的差异；四是施工项目管理要求强化组织协调工作，主要是强化项目管理班子，优选项目经理，科学地组织施工并运用现代化的管理方法。

在施工项目管理的全过程中，为了取得各阶段目标和最终目标的实现，在进行各项活动时必须加强管理工作。

一、建立施工项目管理组织

(1) 由企业采用适当的方式选聘称职的施工项目经理。(2) 根据施工项目组织原则，选用适当的组织形式，组建施工项目管理机构，明确责任、权利和义务。(3) 在遵守企业规章制度的前提下，根据施工项目管理的需要，制定施工项目管理制度。

项目经理作为企业法人代表的代理人，对工程项目施工全面负责，一般不准兼管其他工程，当其负责管理的施工项目临近竣工阶段且经建设单位同意，可以兼任另一项工程的项目管理工作。项目经理通常由企业法人代表委派或组织招聘等方式确定。项目经理与企业法人代表之间需要签订工程承包管理合同，明确工程的工期、质量、成本、利润等指标要求和双方的责、权、利以及合同中止处理、违约处罚等项内容。

项目经理以及各有关业务人员组成、人数根据工程规模大小而定。各成员由项目经理聘任或推荐确定，其中技术、经济、财务主要负责人需经企业法人代表或其授权部门同意。项目领导班子成员除了直接受项目经理领导、实施项目管理方案外，还要按照企业规章制度接受企业主管职能部门的业务监督和指导。

项目经理应有一定的职责，如贯彻执行国家和地方的法律、法规；严格遵守财经制度、加强成本核算；签订和履行“项目管理目标责任书”；对工程项目施工进行有效控制等。项目经理应有一定的权力，如参与投标和签订施工合同、用人决策权、财务决策权、进度计划控制权、技术质量决定权、物资采购管理权、现场管理协调权等。项目经理还应获得一定的利益，如物质奖励及表彰等。

二、项目经理的地位

项目经理是项目管理实施阶段全面负责的管理者，在整个施工活动中有举足轻重的地位。确定施工项目经理的地位是搞好施工项目管理的关键。

(1) 从企业内部看，项目经理是施工项目实施过程中所有工作的总负责人，是项目管理的第一责任人。从对外方面来看，项目经理代表企业法定代表人在授权范围内对建设单位直接负责。由此可见，项目经理既要对有关建设单位的成果性目标负责，又要对建筑业企业的效益性目标负责。(2) 项目经理是协调各方面关系，使之相互紧密协作与配合的桥梁与纽带。要承担合同责任、履行合同义务、执行合同条款、处理合同纠纷、受法律的约束和保护。(3) 项目经理是各种信息的集散中心。通过各种方式和渠道收集有关的信息，并运用这些信息，达到控制的目的，使项目获得成功。(4) 项目经理是施工项目责、权、利的主体。这是因为项目经理是项目中人、财、物、技术、信息和管理等所有生产要素的管理人。项目经理首先是项目的责任主体，是实现项目目标的最高责任者。责任是实现项目经理责任制的核心，它构成了项目经理工作的压力，也是确定项目经理权力和利益的依据。其次，项目经理必须是项目的权力主体。权力是确保项目经理能够承担起责任的条件和手段。如果不具备必要的权力，项目经理就无法对工作负责。项目经理还必须是项目利益的主体。

三、项目经理的任职要求

项目经理的任职要求包括执业资格的要求、知识方面的要求、能力方面的要求和素质方面的要求。

（一）执业资格的要求

项目经理的资质分为一、二、三、四级。

1. 一级项目经理

应担任过一个一级建筑施工企业资质标准要求的工程项目，或两个二级建筑施工企业资质标准要求的工程项目施工管理工作的主要负责人，并已取得国家认可的高级或者中级专业技术职称。

2. 二级项目经理

应担任过两个工程项目，其中至少一个为二级建筑施工企业资质标准要求的工程项目施工管理工作的主要负责人，并已取得国家认可的中级或初级专业技术职称。

3. 三级项目经理

应担任过两个工程项目，其中至少一个为三级建筑施工企业资质标准要求的工程项目施工管理工作的主要负责人，并已取得国家认可的中级或初级专业技术职称。

4. 四级项目经理

应担任过两个工程项目，其中至少一个为四级建筑施工企业资质标准要求的工程项目施工管理工作的主要负责人，并已取得国家认可的初级专业技术职称。

项目经理承担的工程规模应符合相应的项目经理资质等级。一级项目经理可承担一级资质建筑施工企业营业范围内的工程项目管理；二级项目经理可承担二级以下（含二级）建筑施工企业营业范围内的工程项目管理；三级项目经理可承担三级以下（含三级）建筑企业营业范围内的工程项目管理；四级项目经理可承担四级建筑施工企业营业范围内的工程项目管理。

项目经理每两年接受一次项目资质管理部门的复查。项目经理达到上一个资质等级条件的，可随时提出升级的要求。

在过渡期内，大、中型工程项目施工的项目经理逐渐由取得建造师执业资格的人员担任，小型工程项目施工的项目经理可由原三级项目经理资质的人员担任。即在过渡期内，凡持有项目经理资质证书或建造师注册证书的人员，经企业聘用均可担任工程项目施工的项目经理。过渡期满后，大、中型工程项目施工的项目经理必须由取得建造师注册证书的人员担任。取得建造师执业资格的人员是否聘用为项目经理由企业来决定。

（二）知识方面的要求

通常，项目经理应接受过大专、中专以上相关专业的教育，必须具备专业知识，如土木工程或其他专业工程方面的专业，一般应是某个专业工程方面的专家，否则很难被人们接受或很难开展工作。项目经理还应受过项目管理方面的专门培训或再教育，掌握项目管理的知识。作为项目经理需要拥有广博的知识，能迅速地解决工程项目实施过程中遇到的各种问题。

（三）能力方面的要求

项目经理应具备以下几个方面的能力：(1) 必须具有一定的施工实践经历和按规定经过一段时间的实践锻炼，特别是对同类项目有成功的经历，对项目工作有成熟的判断能力、思维能力和随机应变的能力；(2) 具有很强的沟通能力、激励能力和处理人事关系的能力，项目经理要靠领导艺术、影响力和说服力而不是靠权力和命令行事； (3) 有较强的组织管理能力和协调能力，能协调好各方面的关系，能处理好与业主的关系； (4) 有较强的语言表达能力，有谈判技巧；(5) 在工作中能发现问题、提出问题，能够从容地处理紧急情况。

（四）素质方面的要求

(1) 项目经理应注重工程项目对社会的贡献和历史作用，在工作中能注重社会公德，保证社会的利益，严守法律和规章制度；(2) 项目经理必须具有良好的职业道德，将用户的利益放在第一位，不牟私利，必须有工作的积极性、热情和敬业精神；(3) 具有创新精神、务实的态度，勇于接受挑战，勇于决策，勇于承担责任和风险；(4) 敢于承担责任，特别是有敢于承担错误的勇气，言行一致，正直，办事公正、公平，实事求是；(5) 能承担艰苦的工作，任劳任怨，忠于职守；(6) 具有合作精神，能与他人共事，具有较强的自我控制能力。

四、项目经理的责、权、利

（一）项目经理的职责

(1) 贯彻执行国家和地方政府的法律制度，维护企业的整体利益和经济利益。遵守法规和政策，执行建筑业企业的各项管理制度。(2) 严格遵守财经制度，加强成本核算，积极组织工程款回收，正确处理国家、企业和项目及单位个人的利益关系。(3) 签订和组织履行“项目管理目标责任书”，执行企业与业主签订的“项目承包合同”中由项目经理负责履行的各项条款。(4) 对工程项目施工进行有效控制，执行有关技术规范和标准，积极推广应用新技术、新工艺、新材料和项目管理软件集成系统，确保工程质量和工期，实现安全、文明生产，努力提高经济效益。(5) 组织编制施工管理规划及目标实施措施，组织编制施工组织设计并加以实施。(6) 根据项目总工期的要求编制年度进度计划，组织编制施工季（月）度施工计划，包括劳动力、材料、构件及机械设备的使用计划，签订分包及租赁合同并严格执行。(7) 组织制定项目经理部各类管理人员的职责和权限、各项管理制度，并认真贯彻执行。(8) 科学地组织施工和加强各项管理工作，做好内、外各种关系的协调，为施工创造优越的施工条件。(9) 做好工程竣工结算、资料整理归档，接受企业审计并做好项目经理部解体与善后工作。

（二）项目经理的权力

为了保证项目经理完成所担负的任务，必须授予其相应的权力。项目经理应当有以下权力：（1）项目决策权参与企业进行施工项目的投标和签订施工合同。（2）用人决策权。项目经理应有权决定项目管理机构班子的设置，选择、聘任班子内成员，对任职情况进行考核监督、奖惩，乃至辞退。（3）财务决策权。在企业财务制度规定的范围内，根据企业法定代表人的授权和施工项目管理的需要，决定资金的投入和使用，决定项目经理部的计酬方法。（4）进度计划控制权。根据项目进度总目标和阶段性目标的要求，对项目建设的进度进行检查、调整，并在资源上进行调配，从而对进度计划进行有效的控制。（5）技术质量决策权。根据项目管理实施规划或施工组织设计，有权批准重大技术方案和重大技术措施，必要时召开技术方案论证会，把好技术决策关和质量关，防止技术上决策失误，主持处理重大质量事故。（6）物资采购管理权。按照企业物资分类和分工，对采购方案、目标、到货要求，以及对供货单位的选择、项目现场存放策略等进行决策和管理。（7）现场管理协调权。代表公司协调与施工项目有关的内外部关系，有权处理现场突发事件，事后及时报公司主管部门。

（三）项目经理的利益

施工项目经理最终的利益是其行使权力和承担责任的结果，也是市场经济条件下责、权、利、效相互统一的具体体现。项目经理应享有以下的利益：（1）获得基本工资、岗位工资和绩效工资，（2）在全面完成“项目管理目标责任书”确定的各项责任目标，交工验收缴结算后，接受企业考核和审计，除了可获得规定的物质奖励外，还可获得表彰、记功、优秀项目经理等荣誉称号和其他精神奖励；（3）经考核和审计，未完成“项目管理目标责任书”确定的责任目标或造成亏损的，按有关条款承担责任，并接受经济或行政处罚。

项目经理责任制是指以项目经理为主体的施工项目管理目标责任制度，用以确保项目履约，用以确立项目经理部与企业、职工三者之间的责、权、利关系。项目经理开始工作之前由建筑业企业法人或其授权人与项目经理协商、编制“项目管理目标责任书”，双方签字后生效。

项目经理责任制是以施工项目为对象，以项目经理全面负责为前提，以“项目管理目标责任书”为依据，以创优质工程为目标，以求得项目的最佳经济效益为目的，实行的一次性、全过程的管理。

五、项目经理责任制的作用和特点

（一）项目经理责任制的作用

实行项目管理必须实现项目经理责任制。项目经理责任制是达到建设单位和国家对建筑业企业要求的最终落脚点。因此，必须规范项目管理，通过强化建立项目经理全面组织生产诸要素优化配置的责任、权力、利益和风险机制，更有利于对施工项目、工期、质量、成本、安全等各项目标实施强有力的管理，使项目经理有动力和压力，也有法律依据。

项目经理责任制的作用如下：（1）明确项目经理与企业和职工三者之间的责、权、利、效关系；（2）有利于运用经济手段强化对施工项目的法制管理；（3）有利于项目规范化、科学化管理和提高产品质量；（4）有利于促进和提高企业项目管理的经济效益和社会效益。

（二）项目经理责任制的特点

1. 对象终一性

以工程施工项目为对象，实行施工全过程的全面一次性负责制。

2. 主体直接性

在项目经理负责的前提下，实行全员管理、指标考核、标价分离、项目核算，确保上缴集约增效、超额奖励的复合型指标责任制。

3. 内容全面性

根据先进、合理、可行的原则，以保证工程质量、缩短工期、降低成本、保证安全和文明施工等各项指标为内容的、全过程的目标责任制。

4. 责任风险性

项目经理责任制充分体现了“指标突出、责任明确、利益直接、考核严格”的基本要求。

六、项目经理责任制的原则和条件

（一）项目经理责任制的原则

1. 实事求是

实事求是的原则就是从实际出发，做到具有先进性、合理性、可行性。不同的工程和不同的施工条件，其承担的技术经济指标不同，不同职称的人员实行不同的岗位责任，不追求形式。

2. 兼顾企业、责任者、职工三者利益

企业的利益放在首位，维护责任者和职工个人的正当利益，避免人为的分配不公，切实贯彻按劳分配、多劳多得的原则。

3. 责、权、利、效统一

尽到责任是项目经理责任制的目标，以“责”授“权”，以“权”保“责”，以“利”激励尽“责”。“效”是经济效益和社会效益，是考核尽责水平的尺度。

4. 重在管理

项目经理责任制必须强调管理的重要性。因为承担责任是手段，效益是目的，管理是动力。没有强有力的管理，效益不易实现。

（二）项目经理责任制的条件

实施项目经理责任制应具备下列条件：(1) 工程任务落实、开工手续齐全、有切实可行的施工组织设计；(2) 各种工程技术资料齐全、劳动力及施工设施已配备，主要原材料已落实并能按计划提供；(3) 有一个由懂技术、会管理、敢负责的人才组成的精干、得力、高效的项目管理班子；(4) 赋予项目经理足够的权力，并明确其利益；(5) 企业的管理层与劳务作业层分开。

七、项目管理目标责任书

在项目经理开始工作之前，由建筑业企业法定代表人或其授权人与项目经理协商，制定“项目管理目标责任书”，双方签字后生效。

（一）编制项目管理目标责任书的依据

(1) 项目的合同文件；(2) 企业的项目管理制度；(3) 项目管理规划大纲；(4) 建筑业企业的经营方针和目标。

（二）项目管理目标责任书的内容

(1) 项目的进度、质量、成本、职业健康安全与环境目标。(2) 企业管理层与项目经理部之间的责任、权力和利益分配；(3) 项目需要用的人力、材料、机械设备和其他资源的供应方式。(4) 法定代表人向项目经理委托的特殊事项；(5) 项目经理部应承担的风险；(6) 企业管理层对项目经理部进行奖惩的依据、标准和方法；(7) 项目经理解职和项目经理部解体的条件及办法。

八、项目经理部的作用

项目经理部是施工项目管理的工作班子，置于项目经理的领导之下。在施工项目管理中有以下作用：(1) 项目经理部在项目经理的领导下，作为项目管理的组织机构，负责施工项目从开工到竣工的全过程施工生产的管理，是企业在某一工程项目上的管理层，同时对作业层负有管理与服务的双重职能。(2) 项目经理部是项目经理的办事机构，为项目经理决策提供信息依据，当好参谋；同时又要执行项目经理的决策意图，对项目经理负责。(3) 项目经理部是一个组织体，其作用包括：完成企业所赋予的基本任务——项目管理与专业管理等。凝聚管理人员的力量并调动其积极性，促进管理人员的合作；协调部门之间、管理人员之间的关系，发挥每个人的岗位作用；贯彻项目经理责任制，搞好管理；做好项目与企业各部门之间、项目经理部与作业队之间、项目经理部与建设单位之间、分包单位之间、材料和构件供应方之间等的信息沟通。(4) 项目经理部是代表企业履行工程承包合同的主体，对项目产品和业主全面、全过程负责；通过履行合同主体与管理实体地位的影响力，使每个项目经理部成为市场竞争的成员。

九、项目经理部建立原则

(1) 要根据所选择的项目组织形式设置项目经理部。不同的组织形式对施工项目管理部的管理力量和管理职责提出了不同的要求，同时也提供了不同的管理环境。(2) 要根据施工项目的规模、复杂程度和专业特点设置项目经理部。项目经理部根据其规模的不同，职能部门的设置相应不同。(3) 项目经理部是一个弹性的、一次性的管理组织，应随工程任务的变化而进行调整。工程交工后项目经理部应解体，不应有固定的施工设备及固定的作业队伍。(4) 项目经理部的人员配置应面向施工现场，满足施工现场的计划与调度、技术与质量、成本与核算、劳务与物资、安全与文明施工的需要，而不应设置研究与发展、政工与人事等与项目施工关系较少的非生产性管理部门。(5) 应建立有益于组织运转的管理制度。

十、项目经理部的机构设置

项目经理部的部门设置和人员的配置与施工项目的规模和项目的类型有关，要能满足施工全过程的项目管理，成为全体履行合同的主体。

项目经理部一般应建立工程技术部、质量安全部、生产经营部、物资（采购）部及综合办公室等。复杂及大型的项目还可设机电部。项目经理部人员由项目经理、生产或经营副经理、总工程师及各部门负责人组成。管理人员持证上岗。一级项目部由 30 ～ 45 人组成，二级项目部由 20 ～ 30 人组成，三级项目部由 10 ～ 20 人组成，四级项目部由 5 ～ 10 人组成。

项目经理部的人员实行一职多岗、一专多能、全部岗位职责覆盖项目施工全过程的管理模式，不留死角，以避免职责重叠交叉，同时实行动态管理，根据工程的进展程度，调整项目的人员组成。

十一、项目经理部的管理制度

项目经理部管理制度应包括以下各项：(1) 项目管理人员岗位责任制度；(2) 项目技术管理制度；(3) 项目质量管理制度；(4) 项目安全管理制度；(5) 项目计划、统计与进度管理制度；(6) 项目成本核算制度；(7) 项目材料、机械设备管理制度；(8) 项目现场管理制度；(9) 项目分配与奖励制度；(10) 项目例会及施工日志制度；(11) 项目分包及劳务管理制度；(12) 项目组织协调制度；(13) 项目信息管理制度。

项目经理部自行制定的管理制度应与企业现行的有关规定保持一致。如项目部根据工程的特点、环境等实际内容，在明确适用条件、范围和时间后自行制定的管理制度，有利于项目目标的完成，可作为例外批准执行。项目经理部自行制定的管理制度与企业现行的有关规定不一致时，应报送企业或其授权的职能部门批准。

十二、项目经理部的建立步骤和运行

（一）项目经理部设立的步骤

(1) 根据企业批准的“项目管理规划大纲”，确定项目经理部的管理任务和组织形式。(2)确定项目经理部的层次，设立职能部门与工作岗位。(3)确定人员、职责、权限。(4) 由项目经理根据“项目管理目标责任书”进行目标分解。(5) 组织有关人员制定规章制度和目标责任考核、奖惩制度。

（二）项目经理部的运行

(1) 项目经理应组织项目经理部成员学习项目的规章制度，检查执行情况和效果，并应根据反馈信息改进管理。(2) 项目经理应根据项目管理人员岗位责任制度对管理人员的责任目标进行检查、考核和奖惩。(3) 项目经理部应对作业队伍和分包人实行合同管理，并应加强控制与协调。

十三、编制施工项目管理规划

施工项目管理规划是对施工项目管理目标、组织、内容、方法、步骤、重点进行预测和决策，做出具体安排的纲领性文件。施工项目管理规划的内容主要如下：(1) 进行工程项目分解，形成施工对象分解体系，以便确定阶段控制目标，从局部到整体地进行施工活动和进行施工项目管理。(2) 建立施工项目管理工作体系，绘制施工项目管理工作体系图和施工项目管理工作信息流程图。(3) 编制施工管理规划，确定管理点，形成施工组织设计文件，以利于执行。现阶段这个文件便以施工组织设计代替。

十四、进行施工项目的目标控制

施工项目的目标有阶段性目标和最终目标。实现各项目标是施工项目管理的目的所在，因此应当坚持以控制论为指导，进行全过程的科学控制。施工项目的控制目标包括进度控制目标、质量控制目标、成本控制目标、安全控制目标和施工现场控制目标。

在施工项目目标控制的过程中，会不断受到各种客观因素的干扰，各种风险因素随时可能发生，故应通过组织协调和风险管理，对施工项目目标进行动态控制。

第三节　水利工程建设项目管理模式

一、工程建设指挥部模式

工程建设指挥部是我国在计划经济体制下，大中型基本建设项目管理所采用的一种模式，它主要是以政府派出机构的形式对建设项目的实施进行管理和监督，依靠的是指挥部领导的权威和行政手段，因而在行使建设单位的职能时有较大的权威性，决策、指挥直接有效。尤其是有效地解决征地、拆迁等外部协调难题，以及在建设工期要求紧迫的情况下，能够迅速集中力量，加快工程建设进度。

二、传统管理模式

传统管理模式又称为“通用管理模式”。采用这种管理模式，业主通过竞争性招标将工程施工的任务发包或委托给报价合理和最具有履约能力的承包商或工程咨询、工程监理单位，并且业主与承包商、工程师签订专业合同。承包商还可以与分包商签订分包合同。涉及材料设备采购的，承包商还可以与供应商签订材料设备采购合同。

这种模式形成于 19 世纪，目前仍然是国际上最为通用的模式，世界银行贷款项目、亚洲开发银行贷款项目和采用国际咨询工程师联合会（FIDIC）的合同条件的项目均采用这种模式。

传统管理模式的优点是：应用广泛，管理方法成熟，各方对有关程序比较熟悉；可自由选择设计人员，对设计进行完全控制；标准化的合同关系；可自由选择咨询人员；采用竞争性投标。

传统管理模式的缺点是：项目周期长，业主的管理费用较高；索赔和变更的费用较高；在明确整个项目的成本之前投入较大。此外，由于承包商无法参与设计阶段的工作，设计的“可施工性”较差，当出现重大的工程变更时，往往会降低施工效率，甚至造成工期延误等。

三、建筑工程管理模式（CM 模式）

建筑工程管理模式，是以项目经理为特征的工程项目管理方式，是从项目开始阶段就有具有设计、施工经验的咨询人员参与到项目实施过程中来，以便为项目的设计、施工等方面提供建议。为此，建筑工程管理模式又称为“管理咨询方式”。

与传统的管理模式相比较，建筑工程管理模式具有的主要优点表现在以下几个方面。

（一）设计深度到位

由于承包商在项目初期（设计阶段）就任命了项目经理，项目经理可以在此阶段充分发挥自己的施工经验和管理技能，协同设计班子的其他专业人员一起做好设计，提高设计质量。因此，其设计的“可施工性”好，有利于提高施工效率。

（二）缩短建设周期

由于设计和施工可以平行作业，并且设计未结束便开始招标投标，使设计施工等环节得到合理搭接，可以节省时间、缩短工期，可提前运营，提高投资效益。

四、设计—采购—建造（EPC）交钥匙模式

EPC 模式是从设计开始，经过招标，委托一家工程公司对“设计—采购—建造”进行总承包，采用固定总价或可调总价合同方式。

EPC 模式的优点是：有利于实现设计、采购、施工各阶段的合理交叉和融合，提高效率，降低成本，节约资金和时间。

EPC 模式的缺点是：承包商要承担大部分风险，为减少双方风险，一般均在基础工程设计完成、主要技术和主要设备均已确定的情况下进行承包。

五、BOT 模式

BOT 模式即建造—运营—移交模式，它是指东道国政府开放本国基础设施建设和运营市场，吸收国外资金、本国私人或公司资金，授予项目公司特许权，由该公司负责融资

和组织建设，建成后负责运营及偿还贷款。在特许期满时将工程移交给东道国政府。

BOT 模式作为一种私人融资方式，其优点是：可以开辟新的公共项目资金渠道，弥补政府资金的不足，吸收更多投资者；减轻政府财政负担和国际债务，优化项目，降低成本；减少政府管理项目的负担；扩大地方政府的资金来源，引进外国的先进技术和管理方法，转移风险。

BOT 模式的缺点是：建造的规模比较大，技术难题多，时间长，投资高；东道国政府承担的风险大，较难确定回报率及政府应给予的支持程度；政府对项目的监督、控制难以保证。

六、国际采用的其他管理模式

（一）设计—管理模式

设计—管理合同通常是指一种类似 CM 模式但更为复杂的，由同一实体向业主提供设计和施工管理服务的工程管理方式。在通常的 CM 模式中，业主分别就设计和专业施工过程管理服务签订合同。采用设计—管理合同时，业主只签订一份既包括设计也包括类似 CM 服务在内的合同。在这种情况下，设计师与管理机构是同一实体，这一实体常常是设计机构与施工管理企业的联合体。

设计—管理模式的实现可以有两种形式：一是业主与设计—管理公司和施工总承包商分别签订合同，由设计—管理公司负责设计并对项目实施进行管理；二是业主只与设计—管理公司签订合同，由设计—管理公司分别与各个单独的承包商和供应商签订分包合同，由他们施工和供货。这种方式看作是 CM 与设计—建造两种模式相结合的产物，这种方式也常常使承包商采用阶段发包方式以加快工程进度。

（二）管理承包模式

业主可以直接找一家公司进行管理承包，管理承包商与业主的专业咨询顾问（如建筑师、工程师、测量师等）进行密切合作，对工程进行计划管理、协调和控制。工程的实际施工由各个承包商承担，承包商负责设备采购、工程施工以及对分包商的管理。

（三）项目管理模式

目前许多工程日益复杂，特别是当一个业主在同一时间内有多个工程处于不同实施阶段时，所需执行的多种职能超出了建筑师以往主要承担的设计、联络和检查的范围，这就需要项目经理。项目经理的主要任务是自始至终对一个项目负责，这可能包括项目任务书的编制、预算控制、法律与行政障碍的排除、土地资金的筹集，同时使设计者、计量工程师、结构、设备工程师和总承包商的工作协调地、分阶段地进行。在适当的时候引入指定分包商的合同，使业主委托的工作顺利进行。

（四）更替型合同模式（NC 模式）

NC 模式是一种新的项目管理模式，即用一种新合同更替原有合同，而二者之间又有密不可分的联系。业主在项目实施初期委托某一设计咨询公司进行项目的初步设计，当这一部分工作完成（一般达到全部设计要求的 30% ～ 80%）时，业主可开始招标选择承包商，承包商与业主签约时承担全部未完成的设计与施工工作，由承包商与原设计咨询公司签订设计合同，完成后一部分设计。设计咨询公司成为设计分包商，对承包商负责，由承包商对设计进行支付。

这种方式的主要优点是：既可以保证业主对项目的总体要求，又可以保持设计工作的连贯性，还可以在施工详图设计阶段吸收承包商的施工经验，有利于加快工程进度、提高施工质量，还可以减少施工中设计的变更；由承包商更多地承担这一项目实施期间的管理风险，为业主方减轻风险，后一阶段由承包商承担全部设计建造责任，合同管理也比较容易操作。采用 NC 模式，业主方必须在前期对项目有一个周密的考虑，因为设计合同转移后，变更就会比较困难。此外，在新旧设计合同更替过程中要细心考虑责任和风险的重新分配，以免引起纠纷。

第四节　水利工程建设程序

水利水电工程的建设周期长，施工场面布置复杂，投资金额巨大，对国民经济的影响不容忽视。工程建设必须遵守合理的建设程序，才能顺利地按时完成工程建设任务，并且能够节省投资。

在计划经济时代，水利水电工程建设一直沿用自建自营模式。在国家总体计划安排下，建设任务由上级主管单位下达，建设资金由国家拨款。建设单位一般是上级主管单位、已建水电站、施工单位和其他相关部门抽调的工程技术人员和工程管理人员临时组建的工程筹备处或工程建设指挥部。在条块分割的计划经济体制下，工程建设指挥部除了负责工程建设外，还要平衡和协调各相关单位的关系和利益。工程建成后，工程建设指挥部解散，其中一部分人员转变为水利水电工程运行管理人员，其余人员重新回到原单位。这种体制形成于新中国成立初期。集中财力、物力、人力于国家重点工程，对于新中国成立后的经济恢复和繁荣起到了重要作用。随着国民经济的发展和经济体制的转型，原有的这种建设管理模式已经不能适应国民经济的迅速发展，甚至严重阻碍了国民经济的健康发展。经过10多年的改革，终于在20世纪90年代后期初步建立了既符合社会主义市场经济的运行机制，又与国际惯例接轨的新型建设管理体系。在这个体系中，形成了项目法人责任制、投标招标制和建设监理制三项基本制度。在国家宏观调控下，建立了“以项目法人责任制为主体，以咨询、科研、设计、监理、施工、物供为服务、承包体系”的建设项目管理体制。投资主体可以是国资，也可以是民营或合资，这样可以充分调动各方面的积极性。

项目法人的主要职责是：负责组建项目法人在现场的管理机构；负责落实工程建设计划和资金进行管理、检查和监督；负责协调与项目相关的对外关系。工程项目实行招标投标，将建设单位和设计、施工企业推向市场，达到公平交易、平等竞争。通过优胜劣汰，优化社会资源，提高工程质量，节省工程投资。建设监理制度是借鉴国际上通行的工程管理模式。监理为业主提供费用控制、质量控制、合同管理、信息管理、组织协调等服务。在业主授权下，监理对工程参与者进行监督、指导、协调，使工程在法律、法规和合同的框架内进行。

水利水电工程建设程序一般分为项目建议书、可行性研究、初步设计、施工准备（包括投标设计）、建设实施、生产准备、竣工验收、后评价等阶段。根据国民经济总体要求，项目建议书在流域规划的基础上，提出工程开发的目标和任务，论证工程开发的必要性。可行性研究阶段，对工程进行全面勘测、设计，进行多方案比较，提出工程投资估算，对工程项目在技术上是否可行和经济上是否合理进行科学的论证和分析，提出可行性研究报告。项目评估由上级组织的专家组进行，全面评估项目的可行性和合理性。项目立项后，顺序进行初步设计、技术设计（招标设计）和技施设计，并进行主体工程的实施。工程建成后经过试运行期，即可投产运行。

第五节 水利工程施工组织

一、施工方案、设备的确定

在施工工程的组织设计方案研究中，施工方案的确定、设备及劳动力组合的安排和规划是重要的内容。

（一）施工方案选择原则

具体施工项目的方案确定，需要遵循以下几条原则：（1）确定施工方案时尽量选择施工总工期时间短、项目工程辅助工程量小、施工附加工程量小、施工成本低的方案；（2）确定施工方案时尽量选择工作先后顺序之间、土建工程和机电安装之间、各项程序之间互相干扰小、协调均衡的方案；（3）确定施工方案时要确保施工方案选择的技术先进、可靠；（4）确定施工方案时着重考虑施工强度和施工资源等因素，保证施工设备、施工材料、劳动力等需求之间处于均衡状态。

（二）施工设备及劳动力组合选择原则

在确定劳动力组合的具体安排以及施工设备的选择上，施工单位要尽量遵循以下几条原则。

1. 施工设备选择原则

施工单位在选择和确定施工设备时要注意遵循以下原则：（1）施工设备尽可能地符合施工场地条件，符合施工设计和要求，并能保证施工项目保质保量地完成；（2）施工项目工程设备要具备机动、灵活、可调节的性质，并且在使用过程中能达到高效低耗的效果；（3）施工单位要事先进行市场调查，以各单项工程的工程量、工程强度、施工方案等为依据，确定合适的配套设备；（4）尽量选择通用性强、可以在施工项目的不同阶段和不同工程活动中反复使用的设备；（5）应选择价格较低、容易获得零部件的设备，尽量保证设备便于维护、维修、保养。

2. 劳动力组合选择原则

施工单位在选择和确定劳动力组合时要注意遵循以下原则：（1）劳动力组合要保证生产能力可以满足施工强度要求；（2）施工单位需要事先进行调查研究，确保劳动力组合能满足各个单项工程的工程量和施工强度；（3）在选择配套设备的基础上，要按照工作面、工作班制、施工方案等确定最合理的劳动力组合，混合劳动力工种，实现劳动力组合的最优化。

二、主体工程施工方案

水利工程涉及多种工种，其中主体工程施工主要包括地基处理、混凝土施工、碾压式土石坝施工等。而各项主体工程施工还包括多项具体工程项目。这里重点研究在进行混凝土施工和碾压式土石坝施工时，施工组织设计方案的选择应遵循的原则。

（一）混凝土施工方案选择原则

混凝土施工方案选择主要包括混凝土主体施工方案选择、浇筑设备确定、模板选择、坝体选择等内容。

1. 混凝土主体施工方案选择原则

在进行混凝土主体施工方案确定时，施工单位应该注意以下原则：(1) 在混凝土施工过程中，生产、运输、浇筑等环节要保证衔接顺畅和合理；(2) 混凝土施工的机械化程度要符合施工项目的实际需求，保证施工项目按质按量完成，并且能在一定程度上促进工程工期和进度的加快；(3) 混凝土施工方案要保证施工技术先进、设备配套合理、生产效率高；(4) 混凝土施工方案要保证混凝土可以得到连续生产，并且在运输过程中尽可能地减少中转环节，缩短运输距离，保证温控措施可控、简便；(5) 混凝土施工方案要保证混凝土在初期、中期以及后期的浇筑强度可以得到平衡的协调；(6) 混凝土施工方案要尽保证混凝土施工和机电安装之间存在的相互干扰尽可能少。

2. 混凝土浇筑设备选择原则

混凝土浇筑设备的选择要考虑多方面的因素，比如混凝土浇筑程序能否适应工程强度和进度、各期混凝土浇筑部位和高程与供料线路之间能否平衡协调，等等。具体来说，在选择混凝土浇筑设备时，要注意以下几条原则：(1) 混凝土浇筑设备的起吊设备要能保证对整个平面和高程上的浇筑部位形成控制；(2) 保持混凝土浇筑主要设备型号统一，确保设备生产效率稳定、性能良好，其配套设备能发挥主要设备的生产能力；(3) 混凝土浇筑设备要能在连续的工作环境中保持稳定的运行，并具有较高的利用效率；(4) 混凝土浇筑设备在工程项目中不需要完成浇筑任务的间隙可以承担起模板、金属构件、小型设备等的吊运工作；(5) 混凝土浇筑设备不会因为压块而导致施工工期延误；(6) 混凝土浇筑设备的生产能力要在满足一般生产的情况下，尽可能地满足浇筑高峰期的生产要求；(7) 混凝土浇筑设备应该具有保证混凝土质量的保障措施。

3. 模板选择原则

在选择混凝土模板时，施工单位应当注意以下原则：(1) 模板的类型要符合施工工程结构物的外形轮廓，便于操作；(2) 模板的结构形式应该尽可能标准化、系列化，保证模板便于制作、安装、拆卸；(3)在有条件的情况下，应尽量选择混凝土或钢筋混凝土模板。

4. 坝体接缝灌浆设计原则

在坝体的接缝灌浆时应注意考虑以下几个方面：(1) 接缝灌浆应该发生在灌浆区及以上部位达到坝体稳定温度时，在采取有效措施的基础上，混凝土的保质期应该长于 4 个月。(2) 在同一坝缝内的不同灌浆分区之间的高度应该为 10 ～ 15 米。(3) 要根据双曲拱坝施工期来确定封拱灌浆高程以及浇筑层顶面间的限定高度差值。(4) 对空腹坝进行封顶灌浆，对受气温影响较大的坝体进行接缝灌浆时，应尽可能采用坝体相对稳定且温度较低的设备进行。

（二）碾压式土石坝施工方案选择原则

在进行碾压式土石坝施工方案选择时，要事先对工程所在地的气候、自然条件进行调查，收集相关资料，统计降水、气温等多种因素的信息，并分析它们可能对碾压式土石坝材料的影响程度。

1. 碾压式土石坝料场规划原则

在确定碾压式土石坝的料场时，应注意遵循以下原则：（1）碾压式土石坝料场的料物物理学性质要符合碾压式土石坝坝体的用料要求，尽可能保证物料质地的统一；（2）料场的物料应相对集中存放，总储量要保证能满足工程项目的施工要求；（3）碾压式土石坝料场要保证有一定的备用料区，并保留一部分料场以供坝体合龙和抢拦洪高时使用；（4）以不同的坝体部位为依据，选择不同的料场进行使用，避免不必要的坝料加工；（5）碾压式土石坝料场最好具有剥离层薄、便于开采的特点，并且应尽量选择获得坝料效率较高的料场；（6）碾压式土石坝料场应满足采集面开阔、料场运输距离短的要求，并且周围存在足够的废料处理场；（7）碾压式土石坝料场应尽量少占用耕地或林场。

2. 碾压式土石坝料场供应原则

碾压式土石坝料场的供应应当遵循以下原则：（1）碾压式土石坝料场的供应要满足施工项目的工程和强度需求；（2）碾压式土石坝料场的供应要充分利用开挖渣料，通过高料高用、低料低用等措施保证料物的使用效率；（3）尽量使用天然砂石料用作垫层、过滤和反滤，在附近没有天然砂石料的情况下再选择人工料；（4）应尽可能避免料物的堆放，如果避免不了，就将堆料场安排在坝区上坝道路上，并要保证防洪、排水等一系列措施的跟进；（5）碾压式土石坝料场的供应尽可能减少料物和弃渣的运输量，保证料场平整，防止水土流失。

3. 土料开采和加工处理要求

在进行土料开采和加工处理时，要注意满足以下要求：（1）以土层厚度、土料物理学特征、施工项目特征等为依据，确定料场的主次并进行区分开采；（2）碾压式土石坝料场土料的开采加工能力应能满足坝体填筑强度的需求；（3）要时刻关注碾压式土石坝料场天然含水量的高低，一旦出现过高或过低的状况，要采用一定的具体措施加以调整；（4）如果开采的土料物理力学特性无法满足施工设计和施工要求，那么应选择对采用人工砾质土的可能性进行分析；（5）对施工场地、料场输送线路、表土堆存场等进行统筹规划，必要情况下还要对还耕进行规划。

4. 坝料上坝运输方式选择原则

在选择坝料上坝运输方式的过程中，要考虑运输量、开采能力、运输距离、运输费用、地形条件等多方面因素，具体来说要遵循以下原则：（1）坝料上坝运输方式要能满足施工项目填筑强度的需求；（2）在坝料上坝的运输在过程中不能和其他物料混掺，以免污染和降低料物的物理力学性能；（3）各种坝料应尽量选用相同的上坝运输方式和运输设备；（4）坝料上坝使用的临时设备应具有设施简易、便于装卸、装备工程量小的特点；（5）坝料上坝尽量选择中转环节少、费用较低的运输方式。

5. 施工上坝道路布置原则

施工上坝道路的布置应遵循以下原则：（1）施工上坝道路的各路段要能满足施工项目坝料运输强度的需求，并综合考虑各路段运输总量、使用期限、运输车辆类型和气候条件等多项因素，最终确定施工上坝的道路布置；（2）施工上坝道路要能兼顾当地地形条件，保证运输过程中不出现中断的现象；（3）施工上坝道路要能兼顾其他施工运输，如施工期过坝运输等，尽量和永久公路相结合；（4）在限制运输坡长的情况下，施工上坝道路的最大纵坡不能大于 15%。

6. 碾压式土石坝施工机械配套原则

确定碾压式土石坝施工机械的配套方案时应遵循以下原则：（1）确定碾压式土石坝施工机械的配套方案要能在一定程度上保证施工机械化水平的提升；（2）各种坝面作业的机械化水平应尽可能保持一致；（3）碾压式土石坝施工机械的设备数量应该以施工高峰时期的平均强度进行计算和安排，并适当留有余地。

第六节　水利工程进度控制

一、概念

水利工程进度控制是指对水电工程建设各阶段的工作内容、工作秩序、持续时间和衔接关系进行把控。根据进度总目标和资源的优化配置原则编制计划，将该计划付诸实施，在实施的过程中经常检查实际进度是否按计划要求进行，对出现的偏差分析原因，采取补救措施或调整、修改原计划，直到工程竣工验收并交付使用。进度控制的最终目的是确保项目进度目标的实现，水利水电建设项目进度控制的总目标是建设工期。

水利水电建设项目的进度受许多因素的影响，项目管理者需事先对影响进度的各种因素进行调查，预测其对进度可能产生的影响，编制可行的进度计划，指导建设项目按计划实施。然而，在计划执行过程中必然会出现新的情况，难以按照原定的进度计划执行。这就要求项目管理者在计划执行过程中掌握动态控制原理，不断进行检查，将实际情况与计划安排进行对比，找出偏离计划的原因，特别是找出主要原因，然后采取相应的措施。措施的确定有两个前提：一是通过采取措施，维持原计划，使之正常实施；二是采取措施后不能维持原计划，要对进度进行调整或修正，再按新的计划实施。这个不断地计划、执行、检查、分析、调整计划的动态循环过程就是进度控制。

二、影响进度的因素

水利工程建设项目由于实施内容多、工程量大、作业复杂、施工周期长及参与施工单位多等特点，影响进度的因素很多，主要可以归为人为因素，技术因素，项目合同因素，资金因素，材料、设备与配件因素，水文、地质、气象及其他环境因素，社会因素及一些难以预料的偶然突发因素等。

三、工程项目进度计划

工程项目进度计划可以分为进度控制计划、财务计划、组织人事计划、供应计划、劳动力使用计划、设备采购计划、施工图设计计划、机械设备使用计划、物资工程验收计划等。其中，工程项目进度控制计划是编制其他计划的基础，其他计划是进度控制计划顺利实施的保证。施工进度计划是施工组织设计的重要组成部分，并规定了工程施工的顺序和速度。水利工程项目施工进度计划主要有两种：一是总进度计划，即对整个水利工程编制的计划，要求写出整个工程中各个单项工程的施工顺序起止日期及主体工程施工前的准备工作和主体工程完工后的结尾工作的施工期限；二是单项工程进度计划，即对水利枢纽工程中的主要工程项目，如大坝、水电站等组成部分进行编制的计划，写出单项工程施工的准备工作项目和施工期限，要求进一步从施工方法和技术供应等条件方面论证施工进度的合理性和可靠性，研究加快施工进度和降低工程成本的具体方法。

四、进度控制措施

进度控制的措施主要有组织措施、技术措施、合同措施、经济措施和信息措施：（1）组织措施包括落实项目进度控制部门的人员、具体控制任务和职责分工；项目分解、建立编码体系；确定进度协调工作制度，包括协调会议的时间、人员等；对影响进度目标实现的干扰和风险因素进行分析。（2）技术措施是指采用先进的施工工艺、方法等，以加快施工进度。（3）合同措施主要包括分段发包、提前施工以及合同期与进度计划的协调等。（4）经济措施是指保证资金供应。（5）信息管理措施主要是通过计划进度与实际进度的动态比较，收集有关进度的信息。

五、进度计划的检查和调整方法

在进度计划执行过程中，应根据现场实际情况不断地进行检查，将检查结果进行分析，而后确定调整方案，这样才能充分发挥进度计划的控制功能，实现进度计划的动态控制。为此，进度计划执行中的管理工作包括检查并掌握实际进度情况、分析产生进度偏差的主要原因、确定相应的纠偏措施或调整方法三个方面。

（一）进度计划的检查

1. 进度计划的检查方法

进度计划的检查方法主要有以下几种。

（1）计划执行中的跟踪检查

在网络计划的执行过程中，必须建立相应的检查制度，定时定期地对计划的实际执行情况进行跟踪检查，收集反映实际进度的有关数据。

（2）收集数据的加工处理

收集到的反映实际进度的原始数据量大面广，必须对其进行整理、统计和分析，形成与计划进度具有可比性的数据，以便在网络图上进行记录。根据记录的结果可以分析判断进度的实际状况，及时发现进度偏差，为网络图的调整提供信息。

（3）实际进度检查记录的方式

当采用时标网络计划时，可采用实际进度前锋线记录计划实际执行情况，进行实际进度与计划进度的比较。

实际进度前锋线是在原时标网络计划上，自上而下从计划检查时刻的时标点出发，用点画线依次将各项工作实际进度达到的前锋点连接成的折线。通过实际进度前锋线与原进度计划中的各项工作箭线交点的位置可以判断实际进度与计划进度的偏差。

当采用无时标网络计划时，可在图上直接用文字、数字、适当符号或列表记录计划的实际执行状况，进行实际进度与计划进度的比较。

2. 网络计划检查的主要内容

网络计划检查的主要内容包括：（1）关键工作进度；（2）非关键工作的进度及时差利用的情况；（3）实际进度对各项工作之间逻辑关系的影响；（4）资源状况；（5）成本状况。（6）存在的其他问题。

3. 对检查结果进行分析判断

通过对网络计划执行情况检查的结果进行分析判断，可为计划的调整提供依据。一般应进行如下分析判断：（1）对时标网络计划可利用绘制的实际进度前锋线，分析计划的执行情况及其发展趋势，对未来的进度做出预测、判断，找出偏离计划目标的原因及可供挖掘的潜力所在。(2) 对无时标网络计划可根据实际进度的记录情况对计划中未完的工作进行分析判断。

（二）进度计划的调整

进度计划的调整内容包括：调整网络计划中关键线路的长度、调整网络计划中非关键工作的时差、增（减）工作项目时、调整逻辑关系、重新估计某些工作的持续时间、对资源的投入做出相应调整。网络计划的调整方法如下。

1. 调整关键线路法

当关键线路的实际进度比计划进度拖后时，应在尚未完成的关键工作中，选择资源强度小或费用低的工作缩短其持续时间，并重新计算未完成部分的时间参数，将其作为一个新的计划实施。

当关键线路的实际进度比计划进度提前时，若不想将工期提前，应选用资源占有量大或者直接费用高的后续关键工作，适当延长持续时间，以降低其资源强度或费用；当确定要提前完成计划时，应将计划尚未完成的部分作为一个新的计划，重新确定关键工作的持续时间，按新计划实施。

2. 非关键工作时差的调整方法

非关键工作时差的调整应在其时差范围内进行，以便更充分地利用资源、降低成本或满足施工的要求。每一次调整后都必须重新计算时间参数，观察该调整对计划全局的影响，可采用以下几种调整方法：(1) 将工作在其最早开始时间与最迟完成时间范围内移动；(2) 延长工作的持续时间；(3) 缩短工作的持续时间。

3. 增减工作项目时的调整方法

增减工作项目时应符合这样的规定：不打乱原网络计划总的逻辑关系，只对局部逻辑关系进行调整；在增减工作后应重新计算时间参数，分析对原网络计划的影响。当对工期有影响时，应采取调整措施，以保证计划工期不变。

4. 调整逻辑关系

逻辑关系的调整只有当实际情况要求改变施工方法或组织方法时才可进行，调整时应避免影响原计划工期和其他工作的顺利进行。

5. 调整工作的持续时间

当发现某些工作的原持续时间估计有误或实现条件不充分时，应重新估算其持续时间，并重新计算时间参数，尽量使原计划工期不受影响。

6. 调整资源的投入

当资源供应发生异常时，应采用资源优化方法对计划进行调整，或采取应急措施，使其对工期的影响最小。

网络计划的调整可以定期调整，也可以根据检查的结果随时调整。

第三章　爆破工程施工建设

第一节　爆破的分类

一、爆破的概念

爆破是炸药爆炸作用于周围介质的结果。埋在介质内的炸药引爆后，在极短的时间内由固态转变为气态，体积增加数百倍至几千倍，伴随产生极大的压力和冲击力，同时还产生很高的温度，使周围介质受到各种不同程度的破坏，称为“爆破”。

二、爆破的常用术语

1. 爆破作用圈

当具有一定质量的球形药包在无限均质介质内部爆炸时，在爆炸作用下，距离药包中心不同区域的介质，由于受到的作用力有所不同，因而产生不同程度的破坏或振动现象。整个被影响的范围就叫作“爆破作用圈”。这种现象随着与药包中心间的距离增大而逐渐消失，按对介质产生的不同作用，可分为以下 4 个作用圈。

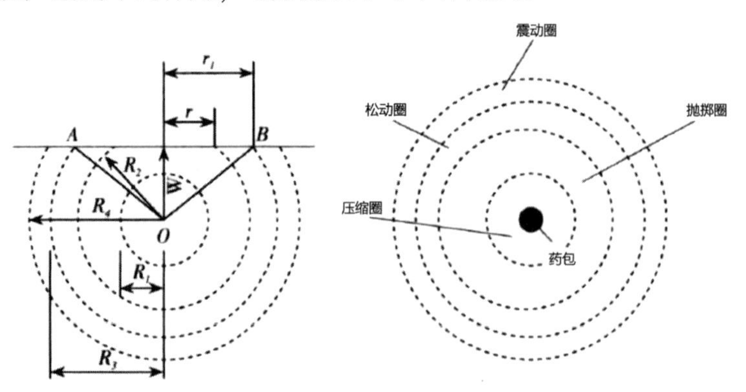

图 3-1　爆破作用圈示意图

(1) 压缩圈

如图 3-1 所示，图中 R_1 表示压缩圈半径，在这个作用圈的范围内，介质直接承受了药包爆炸而产生的极其巨大的作用力。因此，如果介质是可塑性的土壤，便会遭到压缩形成孔腔；如果是坚硬的脆性岩石便会被粉碎。所以把 R_2 这个球形地带叫作压缩圈或破碎圈。

（2）抛掷圈

围绕在压缩圈的范围以外至 R_2 的地带，其受到的爆破作用力虽较压缩圈的较小，但介质原有的结构受到破坏，分裂成为各种尺寸和形状的碎块，而且爆破作用力尚有余力，足以使这些碎块获得能量。如果这个地带的某一部分处在临空的自由面条件下，破坏了的介质碎块便会产生抛掷现象，因而叫作“抛掷圈”。

（3）松动圈

松动圈又称“破坏圈”。在抛掷圈以外至 R_3 的地带，爆破的作用力更弱，除了能使介质结构受到不同程度的破坏外，没有余力可以使被破坏的碎块产生抛掷运动，因而叫作“破坏圈”。工程上为了实用起见，一般还把这个地带被破碎成为独立碎块的一部分叫作松动圈，而把只是形成裂缝、互相间仍然连成整块的一部分叫作裂缝圈或破裂圈。

（4）震动圈

在破坏圈的范围以外，微弱的爆破作用力甚至不能使介质产生破坏。这时，介质只能在应力波的作用下产生振动现象，这就是图 3-1 中 R_4 所包括的地带，通常叫作震动圈。在震动圈以外爆破作用的能量就完全消失了。

2. 爆破漏斗

在有限介质中爆破，当药包埋设较浅，爆破后将形成以药包中心为顶点的倒圆锥形爆破坑，称之为“爆破漏斗”。爆破漏斗的形状多种多样，随着岩土性质、炸药品种性能和药包大小及药包埋置深度等不同而变化。具体如图 3-2 所示。

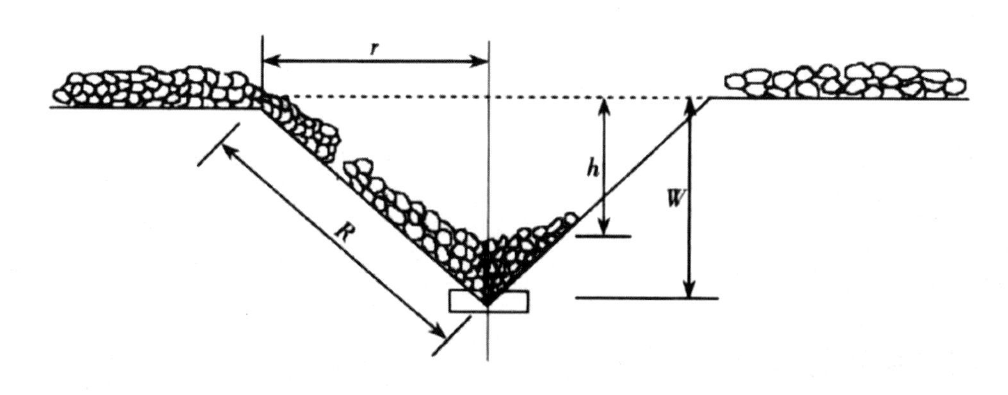

图 3—2　爆破漏斗

3. 最小抵抗线

最小抵抗线是由药包中心至自由面的最短距离，如图 3-2 中的 W。

4. 爆破漏斗半径

爆破漏斗半径即在介质自由面上的爆破漏斗半径，如图 3-2 中的 r。

5. 爆破作用指数

爆破作用指数指爆破漏斗半径 r 与最小抵抗线 W 的比值，即 $n=r/W$。

6. 可见漏斗深度

经过爆破后所形成的沟槽深度叫作“可见漏斗深度”，如图 3-2 中的 h。它与爆破作用指数大小、炸药的性质、药包的排数、爆破介质的物理性质和地面坡度有关。

7. 自由面

自由面又称“临空面”，指被爆破介质与空气或水的接触面。在同等条件下，临空面越多，炸药用量越小，爆破效果越好。

8. 二次爆破

二次爆破指大块岩石的二次破碎爆破。

9. 破碎度

破碎度指爆破岩石的块度或块度分布。

10. 单位耗药量

单位耗药量指爆破单位体积岩石的炸药消耗量。

11. 炸药换算系数

炸药换算系数指某炸药的爆炸力与标准炸药爆炸力之比（目前以 2 号岩石铵锑炸药为标准炸药）。

三、药包及其装药量计算

1. 药包

为了爆破某一物体而在其中放置一定数量的炸药，称为“药包”。

2. 装药量计算

爆破工程中的炸药用量计算是一个十分复杂的问题，影响因素较多。相关实践证明，炸药的用量是与被破碎的介质体积成正比的。而被破碎的单位体积介质的炸药用量，其最基本的影响因素又与介质的硬度有关。目前，由于还不能较精确地计算出各种复杂情况下的相应用药量，所以一般都是根据现场试验方法，大致得出爆破单位体积介质所需的用药量，然后再按照爆破漏斗体积计算出每个药包的装药量。

药包药量的基本计算公式是 $Q=KV$。式中 K 为爆破单位体积岩石的耗药量，简称单位耗药量，单位为千克 / 立方米；V 为标准抛掷漏斗内的岩石体积，单位为立方米。

四、爆破的分类

爆破可按爆破规模、凿岩情况、爆破要求等因素的不同进行分类。

按爆破规模分，爆破可分为小爆破、中爆破、大爆破；按凿岩情况分，爆破可分为浅孔爆破、深孔爆破、药壶爆破、洞室爆破、二次爆破；按爆破要求分，爆破可分为松动爆破、减弱抛掷爆破、标准抛掷爆破、加强抛掷爆破及定向爆破、光面爆破、预裂爆破、特殊物（冻土、冰块等）爆破。

第二节　爆破的材料

一、炸药

（一）炸药的基本性能

1. 威力

炸药的威力用炸药的爆力和猛度来表征。

爆力是指炸药在介质内爆炸做功的总能力。爆力的大小取决于炸药爆炸后产生的爆热、爆温及爆炸生成气体量的多少。爆热越大，爆温则越高，爆炸生成的气体量越多，形成的爆力也就越大。

猛度是指炸药爆炸时对介质破坏的猛烈程度，是衡量炸药对介质局部破坏的能力指标。

爆力和猛度都是炸药爆炸后做功的表现形式，所不同的是爆力是反映炸药在爆炸后做功的总量，对药包周围介质破坏的范围。而猛度则是反映炸药在爆炸时，生成的高压气体对药包周围介质粉碎破坏的程度以及局部破坏的能力。一般而言，爆力大的炸药其猛度也大，但两者并不成线性比例关系。对一定量的炸药，爆力越高，炸除的体积越多；猛度越大，爆后的岩块越小。

2. 爆速

爆速是指爆炸时爆炸波沿炸药内部传播的速度。爆速测定方法有导爆索法、电测法和高速摄影法。

3. 殉爆

炸药爆炸时引起与它不相接触的邻近炸药爆炸的现象叫“殉爆”。殉爆反映了炸药对冲击波的感度。主发药包的爆炸引爆被发药包爆炸的最大距离称为“殉爆距离”。

4. 感度

感度又称“敏感度”，是指炸药在外能作用下起爆的难易程度，它不仅是衡量炸药稳定性的重要标志，而且还是确定炸药的生产工艺条件、炸药的使用方法和选择起爆器材的重要依据。不同的炸药在同一外能作用下起爆的难易程度是不同的，起爆某炸药所需的外能小，则该炸药的感度高；起爆某炸药所需的外能高，则该炸药的感度低。炸药的感度对于炸药的制造加工、运输、贮存、使用的安全十分重要。感度过高的炸药容易发生爆炸事故，而感度过低的炸药又容易给起爆带来困难。工业上大量使用的炸药一般对热能、撞击和摩擦作用的感度都较低，通常要靠起爆能来起爆。

5. 炸药的安定性

炸药的安定性是指炸药在长期贮存的过程中保持原有的物理化学性质的能力。

（1）物理安定性。

物理安定性主要是指炸药的吸湿性、挥发性、可塑性、机械强度、结块、老化、冻结、收缩等一系列物理性质。物理安定性的大小取决于炸药的物理性质。如在保管使用硝化甘油类炸药时，由于炸药易挥发收缩、渗油、老化和冻结等导致炸药变质，严重影响保管和使用的安全性及爆炸性能。铵油炸药和矿岩石硝铵炸药易吸湿、结块，导致炸药变质严重，影响使用效果。

（2）化学安定性。

化学安定性取决于炸药的化学性质及常温下化学分解速度的快慢，特别是取决于贮存温度的高低。有的炸药要求储存条件较高，如 5 号浆状炸药要求不会导致硝酸铵重结晶的库房温度是 20℃～30℃，而且要求通风良好。炸药有效期取决于安定性。贮存环境温度、湿度及通风条件等对炸药实际有效期影响巨大。

6. 氧平衡

氧平衡是指炸药在爆炸分解时的氧化情况。根据炸药成分的配比不同，氧平衡具有以下三种情况。

（1）零氧平衡。

炸药中的氧元素含量与可燃物完全氧化的需氧量相等，此时可燃物完全氧化，生成的热量大则爆能也大。零氧平衡是较为理想的氧平衡，炸药在爆炸反应后仅生成稳定的二氧化碳、水和氮气，并产生大量的热能。如单体炸药二硝化乙二醇的爆炸反应就是零氧平衡反应。

（2）正氧平衡。

炸药中的氧元素含量过多，在完全氧化可燃物后还有剩余的氧元素，这些剩余的氧元素与氮元素进行二次氧化，生成二氧化氮等有毒气体。这种二次氧化是一种吸收爆热的过程，它将降低炸药的爆力。如纯硝酸铵炸药的爆炸反应属正氧平衡反应。

（3）负氧平衡。

炸药中氧元素含量不足，可燃物因缺氧而不能完全氧化而产生有毒气体一氧化碳，也正是由于氧元素含量不足而出现多余的碳元素，爆炸生成物中的一氧化碳因缺少氧元素而不能充分氧化成氧气。如三硝基甲苯的爆炸反应就属于负氧平衡反应。

由以上三种情况可知，零氧平衡的炸药爆炸效果最好，所以一般要求厂家生产的工业炸药力求零氧平衡或微量正氧平衡，避免负氧平衡。

（二）工程炸药的种类、品种及性能

1. 炸药的分类

炸药按组成可分为化合炸药和混合炸药；按爆炸特性分类有起爆药、猛炸药和火药；按使用部门分类有工业炸药和军用炸药。在工程爆破中，用来直接爆破介质的炸药（猛炸药)几乎都是混合炸药，因为混合炸药可按工程的不同需要而配制。它们具有一定的威力，较敏感，一般需用 8 号雷管起爆。

2. 常用炸药

在我国水利水电工程中，常用的炸药有铵锑炸药、铵油炸药和乳化炸药三种。

（1）铵锑炸药。

铵锑炸药是硝铵类炸药的一种，主要成分为硝酸铵和少量的三硝基甲苯及少量的木粉。硝酸铵是铵锑炸药的主要成分，其性能对炸药影响较大；三硝基甲苯是单质烈性炸药，具有较高的敏感度，加入少量的三硝基甲苯成分，能使铵锑炸药具有一定的威力和敏感度。铵锑炸药的摩擦、撞击感度较低，故较安全。

在工程爆破中，以 2 号岩石铵锑炸药为标准炸药，由 85% 的硝酸铵、11% 的三硝基甲苯、4% 的木粉，并加少量植物油混合而成，用工业雷管可以顺利起爆。在使用其他种类的炸药时，其爆破装药用量可用 2 号岩石铵锑炸药的爆力和猛度进行换算。

（2）铵油炸药。

铵油炸药的主要成分是硝酸铵、柴油和木粉。由于不含三硝基甲苯而敏感度稍差，但材料来源广，价格低，使用安全，易加工配制。铵油炸药的爆破效果较好，在中硬岩石的开挖爆破和大爆破中常被采用。其贮存期仅为 7 ～ 15 天，一般是在工地配药即用。

（3）乳化炸药。

乳化炸药以氧化剂（主要是硝酸铵）水溶液与油类经乳化而成的油包水型乳胶体作爆炸性基质，再加以敏化剂、稳定剂等添加剂而成为一种乳脂状炸药。

乳化炸药与铵锑炸药比较，其突出优点是抗水。两者成本接近，但乳化炸药猛度较高，临界直径较小，只是爆力略低。

二、起爆器材

起爆材料包括雷管、导火索和传爆线等。

炸药的爆炸是利用起爆器材提供的爆轰能并辅以一定的工艺方法来起爆的，这种起爆能量的大小将直接影响到炸药爆轰的传递效果。当起爆能量不足时，炸药的爆轰过程属不稳定的传爆，且传爆速度低，在传爆过程中因得不到足够的爆轰能的补充，爆轰波将迅速衰减到爆轰终止，部分炸药拒爆。因此，用于雷管和传爆线中的起爆炸药敏感度高，极易被较小的外能引爆；引爆炸药的爆炸反应快，可在被引爆后瞬间达到稳定的爆速，为炸药爆炸提供理想爆轰的外能。

（一）雷管

雷管是一种用于起爆炸药或传爆线（导爆索）的材料，是由诺贝尔发明的。按接受外能起爆的方式来划分，雷管可分为火雷管和电雷管两种。

1. 火雷管

火雷管即普通雷管，由管壳、正副起爆药和加强帽三部分组成，如图 3-3 所示。管壳材料有铜、铝、纸、塑料等。上端开口，中段设加强帽，中有小孔，副起爆药压于管底，正起爆药压在上部。在管沟开口一端插入导火索，引爆后，火焰使正起爆药爆炸，最后引起副起爆药爆炸。

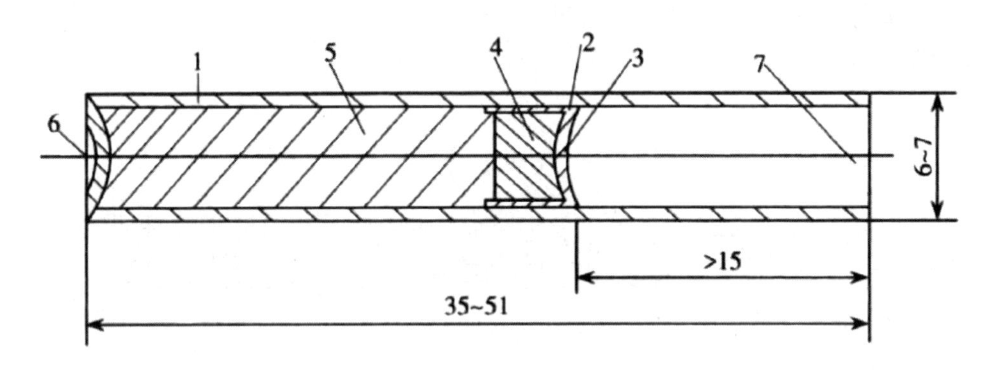

图 3-3　火雷管构造（单位：毫米）

1- 管壳；2- 加强帽；3- 中心孔；4- 正起爆药；5- 副起爆药；6- 聚能穴；7- 开口端

根据管内起爆药量的多少，可分为 1 ～ 10 个号码，常用的为 6 号、8 号。火雷管具有结构简单，生产效率高，使用方便、灵活，价格便宜，不受各种杂电、静电及感应电的干扰等优点。但由于导火索在传递火焰时难以避免速燃、缓燃等致命弱点，在使用过程中爆破事故多，因此使用范围和使用量受到极大限制。

2. 电雷管

电雷管按起爆时间不同可分为三种。

（1）瞬发电雷管

通电后瞬即爆炸的电雷管，它实际上是由火雷管和一个发火元件组成，其结构如图 3-4 所示。当接通电源后，电流通过桥丝发热，使引火药头发火，导致整个雷管爆轰。

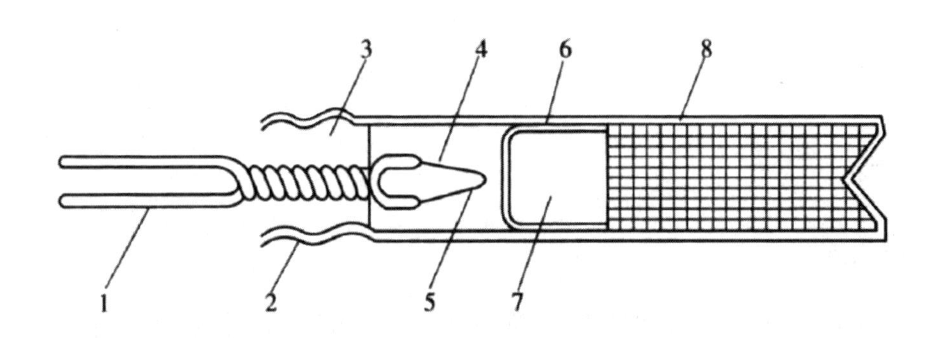

图 3-4　瞬发电雷管

1- 脚线；2- 管壳；3- 密封塞；4- 桥丝；5- 引火头；6- 加强帽；7- 正起爆药；8- 副起爆药

（2）秒延发电雷管

通电后能延迟 1 秒的时间才起爆的电雷管。秒延发电雷管和瞬发电雷管的区别仅在于引火头与正起爆药之间安置了缓燃物质，如图 3-5（a）所示。通常是用一小段精制的导火索作为延发物。

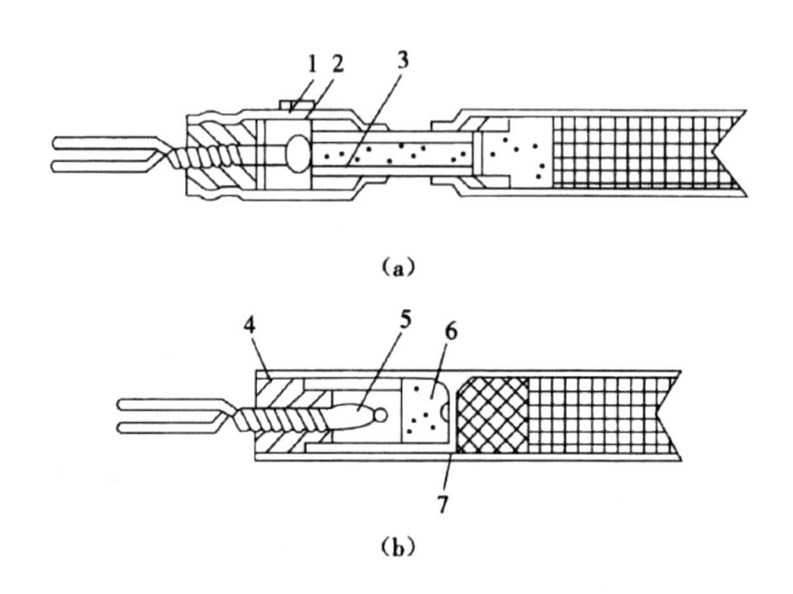

图 3-5　电雷管示意图

（a）秒延发电雷管；（b）毫秒电雷管

1- 蜡纸；2- 排气孔；3- 精制导火索；4- 塑料塞；5- 延期雷管；6- 延期药；7- 加强帽

（3）毫秒电雷管

它的构造与秒延发电雷管的差异仅在于延期药不同，如图 3-5（b）所示。毫秒电雷管的延期药是用极易燃的硅铁和铅丹混合而成，再加入适量的硫化锑以调整药剂的燃烧程度，使延发时间准确。它的段数很多，工程常用的多为 20 段系列的毫秒电雷管。

（二）导火线

1. 导火索

导火索是用来起爆火雷管和黑火药的起爆材料。用于一般爆破工程，不宜用于有瓦斯或矿尘爆炸危险的作业面。它是用黑火药作芯药，用麻、棉纱和纸作包缠物，外面涂有沥青、油脂等防潮剂。

导火索的燃烧速度有两种，正常燃烧速度为每米 100 ～ 120 秒，缓燃速度为每米 180 ～ 210 秒。喷火强度不低于 50 毫米。

国产导火索每盘长 250 米，耐水性一般不低于 2 小时，直径 5 ～ 6 毫米。

2. 导电线

导电线是起爆电雷管的配套材料。

3. 导爆索

导爆索又称“传爆线”，以强度大、爆速高的烈性黑索金作为药芯、以棉线、纸条为包缠物，并涂以防潮剂，表面涂以红色，索头涂有防潮剂，必须用雷管起爆。其品种有普通、抗水、高能和低能 4 种。普通导爆索有一定的抗水性能，可直接起爆常用的工业炸药。水利水电工程中多用此类导爆索。

4. 导爆管

导爆管是由透明塑料制成的一种非电起爆系统，并可用雷管、击发枪或导爆索起爆。导爆管管的外径为 3 毫米，内径为 1.5 毫米，管的内壁涂有一层薄薄的炸药，装药量为 (20+2)毫克/米，引爆后能以(1950+50)米/秒的稳定爆速传爆。导爆管的传爆能力很强，即使在导爆管上打许多结并用力拉紧，爆轰波仍能正常传播；管内壁断药长度达 25 厘米时，也能将爆轰波稳定地传下去。

导爆管的传爆速度为 1600 ～ 2000 米/秒。根据试验资料，若排列与绑扎可靠，一个 8 号雷管可激发 50 根导爆管。但为了保证可靠传爆，一般用两个雷管引爆 30 ～ 40 根导爆管。

第三节　爆破的方法与施工

一、起爆的方法

（一）火花起爆法

火花起爆是用导火索和火雷管起爆炸药。它是一种最早使用的起爆方法。但由于受到安全性、爆破规模及爆破延迟等方面的限制，目前仅用于大块石解炮或小规模的边坡修整爆破等。

将剪截好的导火索插入火雷管插索腔内，制成起爆雷管，再将其放入药卷内成为起爆药卷，而后将起爆药卷放入药包内。导火索一般可用点火线、点火棒或自制导火索段点火。导火索长度应保证点火人员安全，且不得短于 1.2 米。

（二）电力起爆法

电力起爆法就是利用电能引爆电雷管进而起爆炸药的起爆方法，它所需的起爆器材有电雷管、导线和起爆源等。电力起爆法可以同时起爆多个药包，可间隔延期起爆，安全可靠。但是操作较复杂，准备工作量大，需要较多电线，需要具备一定的检查仪表和电源设备。适用于重要的大中型爆破工程。

电力起爆网路主要由电源、电线、电雷管等组成。

1. 起爆电源

电力起爆的电源可用普通照明电源或动力电源，最好使用专线。当缺乏电源而爆破规模又较小、起爆的雷管数量不多时，也可用干电池或蓄电池组合使用。另外还可以使用电容式起爆电源，即发爆器起爆。国产的发爆器有 10 发、30 发、50 发和 100 发等几种型号，最大一次可起爆 100 个以内串联的电雷管，十分方便。但因其电流很小，故不能起爆并联雷管。常用的形式有 DF-100 型、FR81-25 型、FR81-50 型。

2. 导线

电爆网路中的导线一般采用绝缘性良好的铜线和铝线。在大型电爆网路中，常用的导线按其位置和作用可划分为端线、连接线、区域线和主线。端线用来加长电雷管脚线，使之能引出孔口或洞室之外。端线通常采用断面为 0.2 ～ 0.4 平方毫米的铜芯塑料皮软线。连接线是用来连接相邻炮孔或药室的导线，通常采用断面为 1 ～ 4 平方毫米的铜芯或铝芯线。主线是连接区域线与电源的导线，常用断面为 16 ～ 150 平方毫米的铜芯或铝芯线。

（三）导爆索起爆法

导爆索起爆法是用导爆索爆炸产生的能量直接引爆药包的起爆方法。这种起爆方法所用的起爆器材有雷管、导爆索、继爆管等。

导爆索起爆法的优点是导爆速度高，可同时起爆多个药包，准爆性好；连接形式简单，无复杂的操作技术；在药包中不需要放雷管，故装药、堵塞时都比较安全。缺点是成本高，不能用仪表来检查爆破线路的好坏。适用于瞬时起爆多个药包的炮孔、深孔或洞室爆破。

导爆索起爆网路的连接方式有并簇联和分段并联两种。

（1）并簇联。

并簇联是将所有炮孔中引出的支导爆索的末端捆扎成一束或几束，然后再与一根主导爆索相连接，如图 3-6 所示。这种方法同爆性好，但缺点是导爆索的消耗量较大，一般用在炮孔数不多又较集中的爆破中。

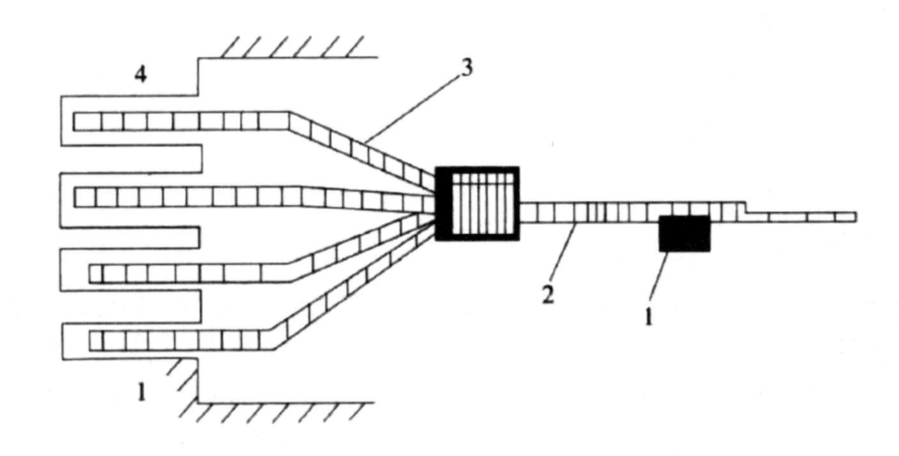

图 3-6　导爆索起爆并簇联

1- 雷管；2- 主线；3- 支线；4- 药室

（2）分段并联。

分段并联是在炮孔或药室外敷设一条主导爆索，将各炮孔或药室中引出的支导爆索分别依次与主导爆索相连，如图 3-7 所示。分段并联网络，导爆索消耗量小，适应性强，在网络的适当位置装上继爆管，可以实现毫秒微差爆破。

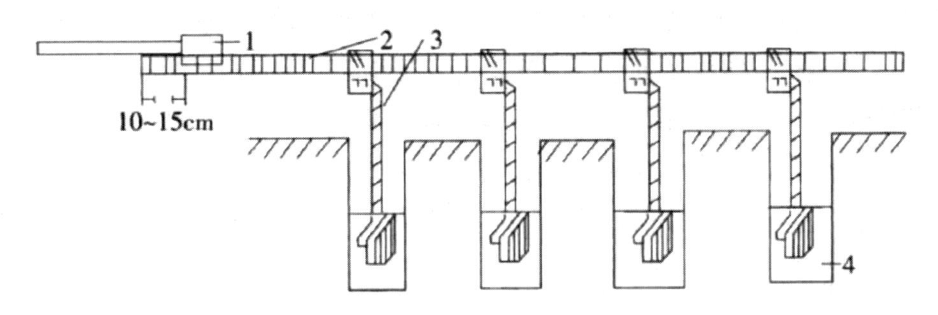

图 3-7　导爆索起爆分段并联

1- 雷管；2- 主线；3- 支线；4- 药室

（四）导爆管起爆法

导爆管起爆法是利用塑料导爆管来传递冲击波引爆雷管，然后使药包爆炸的一种新式起爆方法。导爆管起爆法与电力起爆法的共同点是可以对群药包一次赋能起爆，并能基本满足准爆、齐爆的要求。两者的不同点在于导爆管起爆网路不受外电场干扰，比电爆网路安全；导爆管起爆网路无法进行准爆性检测，这一点是不及电力起爆网路可靠的。它适用于露天、井下、深水、杂散电流大和一次起爆多个药包的微差爆破作业中的瞬发或秒延期爆破。

二、爆破施工

（一）爆破的基本方法

1. 裸露爆破法

裸露爆破法又称“表面爆破法”，系将药包直接放置于岩石的表面进行爆破。药包放在块石或孤石的中部凹槽或裂隙部位，体积大于 1 立方米的块石，药包可分数处放置，或在块石上打浅孔或浅穴破碎。为提高爆破效果，表面药包底部可做成集中爆力穴，药包上护以草皮或是泥土、沙子，其厚度应大于药包高度或以粉状炸药敷 30 厘米厚，用电雷管或导爆索起爆。

不需要钻孔设备，操作简单迅速，但炸药消耗量大（比炮孔法多 3 ～ 5 倍），破碎岩石飞散较远。适用于地面上大块岩石、大孤石的二次破碎及树根、水下岩石与改建工程的爆破。

2. 浅孔爆破法

浅孔爆破法系在岩石上钻直径 25 ～ 50 毫米、深 0.5 ～ 5 米的圆柱形炮孔，装延长药包进行爆破。

浅孔爆破法不需要复杂的钻孔设备，施工操作简单，容易掌握，炸药消耗量少，飞石距离较近，岩石破碎均匀，便于控制开挖面的形状和尺寸，可在各种复杂条件下施工，因而在爆破作业中被广泛采用。但其爆破量较小、效率低、钻孔工作量大，适用于在各种地形和施工现场比较狭窄的工作面上作业，如基坑、管沟、渠道、隧洞爆破，也可用于平整边坡、开采岩石、松动冻土以及改建工程拆除控制爆破。

3. 深孔爆破法

深孔爆破法系将药包放在直径 75 ～ 270 毫米、深 5 ～ 30 米的圆柱形深孔中爆破。爆破前宜先将地面爆成倾角大于 55° 的阶梯形，钻垂直、水平或倾斜的炮孔。钻孔用轻、中型露天潜孔钻。装药采用分段或连续的方法。爆破时，边排先起爆，后排依次起爆。

深孔爆破法单位岩石体积的钻孔量少、耗药量少、生产效率高，一次爆落石方量多，操作机械化，可减轻劳动强度。适用于料场、深基坑的松爆，场地整平以及高阶梯中型爆破各种岩石。

4. 药壶爆破法

药壶爆破法又称“葫芦炮”“坛子炮”，系在炮孔底部先放入少量的炸药，经过一次至数次爆破，扩大成近似圆球形的药壶，然后装入一定数量的炸药进行爆破。

爆破前，地形宜先造成较多的临空面，最好是立崖和台阶。

每次爆扩药壶后，须间隔 20 ～ 30 分钟。扩大药壶用小木柄铁勺掏渣或用风管通入压缩空气吹出。当土质为黏土时，可以压缩，不需出渣。药壶爆破法一般宜与炮孔法配合使用，以提高爆破效果。

药壶爆破法一般宜用电力起爆，并应敷设两套爆破路线；如用火花起爆，当药壶深度在 3 ～ 6 米时，应设两个火雷管同时点爆。药壶爆破法可减少钻孔工作量，可多装药，炮孔较深时，将延长药包变为集中药包，大大提高爆破效果。但扩大药壶时间较长，操作较复杂，破碎的岩石块度不够均匀，对坚硬岩石扩大药壶较困难，不能使用。适用于露天爆破阶梯高度为 3 ～ 8 米的软岩石和中等坚硬岩层；坚硬或节理发育的岩层不宜采用。

5. 洞室爆破法

洞室爆破又称“大爆破”，其炸药装入专门开挖的洞室内，洞室与地表则以导洞相连。一个洞室爆破往往有数个甚至数十个药包，装药总量可高达数百、数千乃至逾万吨。

在水利水电工程施工中，坝基开挖不宜采用洞室爆破法。洞室爆破主要用于定向爆破筑坝，当条件合适时，也可用于料场开挖和定向爆破堆石截流。

（二）爆破施工的过程

在水利工程施工中，一般多采用炮眼法爆破。其施工程序大体为炮孔位置选择、钻孔，制作起爆药包，装药、堵塞与起爆等。

1. 炮孔位置的选择

选择炮孔位置时应注意以下几点：第一，炮孔方向尽量不要与最小抵抗线方向重合，以免产生冲天炮；第二，充分利用地形或利用其他方法增加爆破的临空面，提高爆破效果；第三，炮孔应尽量垂直于岩石的层面、节理与裂隙，且不要穿过较宽的裂缝以免漏气。

2. 钻孔

钻孔主要包括人工打眼、风钻打眼和潜孔钻打眼三种。人工打眼仅适用于钻设浅孔。人工打眼有单人打眼、双人打眼等方法。打眼的工具有钢钎、铁锤和掏勺等。风钻是风动冲击式凿岩机的简称，在水利工程中使用得最多。风钻按其应用条件及架持方法，可分为手持式、柱架式和伸缩式等。风钻用空心钻钎送入压缩空气将孔底凿碎的岩粉吹出，叫作“干钻”；用压力水将岩粉冲出叫作“湿钻”。国家规定，地下作业必须使用湿钻以减少粉尘，保护工人身体健康。潜孔钻是一种回转冲击式钻孔设备，其工作机构（冲击器）直接潜入炮孔内进行凿岩，故名“潜孔钻”。潜孔钻是先进的钻孔设备，其工效高、构造简单，在大型水利工程中被广泛采用。

3. 制作起爆药包

（1）火线雷管的制作。

将导火索和火雷管连接在一起，叫火线雷管。制作火线雷管应在专用房间内，禁止在炸药库、住宅、爆破工点进行。制作的步骤如下：第一，检查雷管和导火索。第二，按照需要长度，用锋利小刀切齐导火索，最短导火索不应少于 60 厘米。第三，把导火索插入雷管，直到接触火帽为止，不要猛插和转动。第四，用铰钳夹夹紧雷管口（距管口 5 毫米以内）。固定时，应使该钳夹的侧面与雷管口相平。如无铰钳夹，可用胶布包裹。严禁用嘴咬。第五，在接合部包上胶布防潮。当火线雷管不马上使用时，导火索点火的一端也应该包上胶布。

（2）电雷管检查。

对于电雷管，应先检查外观，把有擦痕、锈蚀、铜绿、裂隙或其他损坏的雷管剔除，再用爆破电桥或小型欧姆计进行电阻及稳定性检查。为了保证安全，测定电雷管的仪表输出电流不得超过 50 毫安。如发现有不导电的情况，应作为不良的电雷管处理。然后把电阻相同或电阻差不超过 0.25 欧姆的电雷管放置在一起，以备装药时串联在一条起爆网路上。

（3）制作起爆药包。

起爆药包只许在爆破工点于装药前制作该次所需的数量，不得先做成成品备用。制作好的起爆药包应小心妥善保管，不得震动，亦不得抽出雷管。

制作起爆药包的步骤包括：第一，解开药筒一端；第二，用木棍（直径 5 毫米、长 10 ～ 12 厘米）轻轻地插入药筒中央，然后抽出，并将雷管插入孔内；第三，控制雷管插入深度，对于易燃的硝化甘油炸药，将雷管全部插入即可，其他不易燃的炸药，雷管应埋在接近药筒的中部；第四，收拢包皮纸用绳子扎起来，如果起爆药包用于潮湿处则加以防潮处置，防潮时防水剂的温度不超过 60℃。

4. 装药、堵塞及起爆

（1）装药。

在装药前，首先了解炮孔的深度、间距、排距等，由此决定装药量。根据孔中是否有水决定药包的种类或炸药的种类，同时还要清除炮孔内的岩粉和水分。在干孔内可装散药或药卷。在装药前，先用硬纸或铁皮在炮孔底部架空，形成聚能药包。炸药要分层用木棍压实，雷管的聚能穴指向孔底，雷管装在炸药全长的中部偏上处。在有水的炮孔中装吸湿炸药时，注意不要将防水包装捣破，以免炸药受潮而拒爆。当孔深较大时，药包要用绳子吊下，不允许直接向孔内抛投，以免发生爆炸危险。

（2）堵塞。

装药后即进行堵塞。对堵塞材料的要求是与炮孔壁摩擦作用大，材料本身能结成一个整体，充填时易于密实，不漏气。可用 1 ∶ 2 的黏土粗砂堵塞，堵塞物要分层用木棍压实。在堵塞过程中，要注意不要将导火线折断或破坏导线的绝缘层。

上述工序完成后即可进行起爆。

第四节　控制爆破

一、定向爆破

定向爆破是一种加强抛掷爆破技术，它利用炸药爆炸能量的作用，在一定的条件下，可使一定数量的土岩经破碎后，按预定的方向抛掷到预定的地点，达到形成具有一定质量和形状的建筑物或开挖成一定断面的渠道的目的。

在水利水电建设中，可以用定向爆破技术修筑土石坝、围堰、截流戗堤以及开挖渠道、溢洪道等。在一定条件下，采用定向爆破方法修建上述建筑物，较之用常规方法可缩短施工工期，节约劳力和资金。

定向爆破主要是使抛掷爆破最小抵抗线方向符合预定的抛掷方向，并且在最小抵抗线方向事先造成定向坑，利用空穴聚能效应集中抛掷，这是保证定向的主要手段。造成定向坑的方法，在大多数情况下都是利用辅助药包，让它在主药包起爆前先爆，形成一个起走向坑作用的爆破漏斗。如果地形有天然的凹面可以利用，也可不用辅助药包。

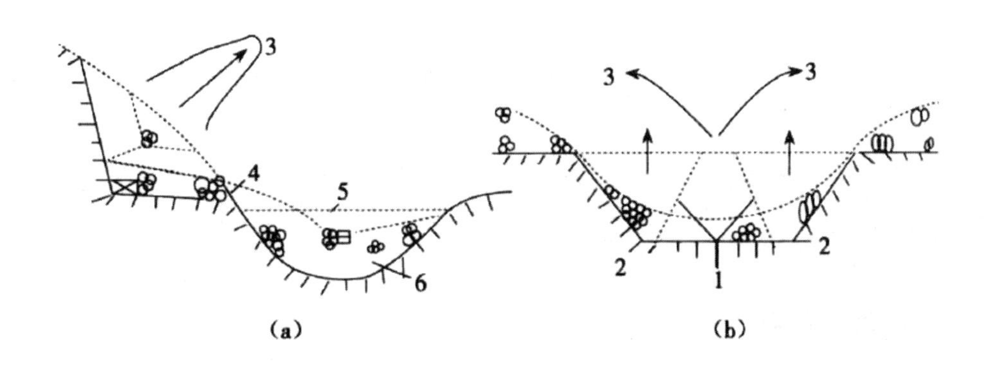

图 3-8　定向爆破筑坝挖渠

（a）筑坝；（b）挖渠

1- 主药包；2- 边行药包；3- 抛掷方向；4- 堆积体；5- 筑坝；6- 河床

用定向爆破堆筑堆石坝，如图 3-8（a）所示，药包设在坝顶高程以上的岸坡上。根据地形情况，可从一岸爆破或两岸爆破。定向爆破开挖渠道，如图 3-8（b）所示，在渠底埋设边行药包和主药包。边行药包先起爆，主药包的最小抵抗线就指向两边，在两边岩石尚未下落时，起爆主药包，中间岩体就连同原两边爆起的岩石一起抛向两岸。

二、预裂爆破

进行石方开挖时，在主爆区爆破之前沿设计轮廓线先爆出一条具有一定宽度的贯穿裂缝，以缓冲、反射开挖爆破的振动波，控制其对保留岩体的破坏影响，使之获得较平整的开挖轮廓，此种爆破技术为预裂爆破。在水利水电工程施工中，预裂爆破不仅在垂直、倾斜开挖壁面上得到广泛应用，在规则的曲面、扭曲面以及水平建基面等也采用预裂爆破。

预裂爆破的要求有以下几项：第一，预裂缝要贯通且在地表有一定的开裂宽度。对于中等坚硬岩石，缝宽不宜小于 1.0 厘米；坚硬岩石的缝宽应达到 0.5 厘米；但在松软岩石上，缝宽在 1.0 厘米以上时，减振作用并未显著提高，应多做些现场试验，以利于总结经验。第二，预裂面开挖后的不平整度不宜大于 15 厘米。预裂面不平整度通常是指预裂孔所形成的预裂面的凹凸程度，它是衡量钻孔和爆破参数合理性的重要指标，可依此验证、调整设计数据。第三，预裂面上的炮孔痕迹保留率应不低于 80%，且炮孔附近岩石不出现严重的爆破裂隙。

预裂爆破主要的技术措施有以下几点：第一，炮孔直径一般为 50 ～ 200 毫米，对深孔宜采用较大的孔径。第二，炮孔间距宜为孔径的 8 ～ 12 倍，坚硬岩石取小值。第三，不耦合系数（炮孔直径与药卷直径的比值）建议取 2 ～ 4，坚硬岩石取小值。第四，线装药密度一般取 250 ～ 400 克 / 米。第五，药包结构形式，目前较多的是将药卷分散绑扎在传爆线上。分散药卷的相邻间距不宜大于 50 厘米，同时不大于药卷的殉爆距离。考虑到孔底的夹制作用较大，底部药包应加强，为线装药密度的 2 ～ 5 倍。第六，装药时距孔口 1 米左右的深度内不要装药，可用粗砂填塞，不必捣实。填塞段过短容易形成漏斗，过长则不能出现裂缝。

三、光面爆破

光面爆破也是控制开挖轮廓的爆破方法之一。它与预裂爆破的不同之处在于，光面爆孔的爆破是在开挖主爆孔的药包爆破之后进行的。光面爆破一般多用于地下工程的开挖，露天开挖工程中用得比较少，只是在一些有特殊要求或者条件有利的地方使用。

光面爆破的要领是孔径小、孔距密、装药少、同时爆。

四、岩塞爆破

岩塞爆破系一种水下控制爆破。在已建成的水库或天然湖泊内取水发电、灌溉、供水或泄洪时，为修建隧洞的取水工程，避免在深水中建造围堰，采用岩塞爆破是一种经济而有效的方法。它的施工特点是先从引水隧洞出口开挖，直到掌子面到达库底或邻近湖底，然后预留一定厚度的岩塞，待隧洞和进口控制闸门井全部建完后，一次将岩塞炸除，使隧洞和水库连通。

岩塞的布置应根据隧洞的使用要求以及地形、地质因素来确定。岩塞宜选择在覆盖层薄、岩石坚硬完整且层面与进口中线交角大的部位，特别应避开节理、裂隙、构造发育的部位。岩塞的开口尺寸应满足进水流量的要求。岩塞厚度应为开口直径的 1 ～ 1.5 倍。太厚难于一次爆通，太薄则不安全。

水下岩塞爆破装药量计算，应考虑岩塞上静水压力的阻抗，用药量应比常规抛掷爆破增大 20% ～ 30%。为了控制进口形状，岩塞周边采用预裂爆破以减震防裂。

五、微差控制爆破

微差控制爆破是一种应用特制的毫秒延期雷管，以毫秒级时差顺序起爆各个（组）药包的爆破技术。其原理是把普通齐发爆破的总炸药能量分割为多数较小的能量，采取合理的装药结构、最佳的微差间隔时间和起爆顺序，为每个药包创造多面临空条件，将齐发大量药包产生的地震波变成一长串小幅值的地震波。同时，各药包产生的地震波相互干涉，从而降低地震效应，把爆破震动控制在给定水平之下，爆破布孔和起爆顺序有成排顺序式、排内间隔式（又称 V 形式）、对角式、波浪式、径向式形式等。在由它组合变换成的其他形式中，以对角式效果最好，成排顺序式最差。采用对角式时，应使实际孔距与抵抗线比大于 2.5，对软石可为 6 ～ 8；相同段爆破孔数根据现场情况和一次起爆的允许炸药量而定，装药结构一般采用空气间隔装药或孔底留空气柱的方式，所留空气间隔的长度通常为药柱长度的 20% ～ 35%。间隔装药可用导爆索或电雷管齐发或孔内微差引爆，后者能更有效降震，爆破采用毫秒延迟雷管。最佳微差间隔时间一般取 3 ～ 6W（W 为最小抵抗线，单位为米），刚性大的岩石取下限。

一般而言，相邻两炮孔爆破时间间隔宜控制在 20 ～ 30 毫秒，不宜过大或过小；爆破宜采取可靠的导爆索与继爆管相结合的爆破网路，每孔至少一根导爆索，确保安全起爆；非电爆管网路要设复线，孔内线脚要设有保护措施，避免装填时把线脚拉断；导爆索网路联结要注意搭接长度、拐弯角度、接头方向，并捆扎牢固，不得松动。

微差控制爆破能有效地控制爆破冲击波、震动、噪声和飞石；操作简单、安全、迅速；可近火爆破而不造成伤害；破碎程度好，可提高爆破效率和技术经济效益。但该网路设计较为复杂，需要特殊的毫秒延期雷管及导爆材料。微差控制爆破适用于开挖岩石地基、挖掘沟渠、拆除建筑物和基础以及用于工程量与爆破面积较大，对截面形状、规格，减震、飞石等有严格要求的控制爆破工程。

第五节　爆破施工安全常识

一、爆破、起爆材料的储存与保管

爆破材料应储存在干燥、通风良好、相对湿度不大于 65% 的仓库内，库内温度应保持在 18℃～30℃ ；在周围 5 米范围内，须清除一切树木和草皮。库房应有避雷装置，接地电阻不大于 10 欧姆；库内应有消防设施。

爆破材料仓库应与民房、工厂、铁路、公路等有一定的安全距离。炸药与雷管（导爆索）须分开贮存，两个库房的安全距离不应小于有关规定。同一库房内不同性质、批号的炸药应分开存放，严防虫鼠等啃咬。

炸药与雷管成箱（盒）堆放要平稳、整齐。成箱炸药宜放在木板上，堆摆高度不得超过 1.7 米，宽不超过 2 米，堆与堆之间应留有不小于 1.3 米的通道，药堆与墙壁之间的距离不应小于 0.3 米。

要严格控制施工现场临时仓库内爆破材料贮存数量，炸药不得超过 3 吨，雷管不得超过 1 万个和相应数量的导火索。雷管应放在专用的木箱内，与炸药保持不少于 2 米的距离。

二、装卸、运输与管理

爆破材料的装卸均应轻拿轻放，不得受到摩擦、震动、撞击、抛掷或转倒。堆放时要摆放平稳，不得散装、改装或倒放。

爆破材料应使用专车运输，炸药与起爆材料、硝铵炸药与黑火药均不得在同一车辆、车厢装运。用汽车运输时，装载不得超过允许载重量的 2/3，行驶速度不应超过 20 千米 / 小时。

三、爆破操作安全要求

装填炸药应按照设计规定的炸药品种、数量、位置进行。装药要分次装入，用竹棍轻轻压实，不得用铁棒或用力压入炮孔内，不得用铁棒在药包上钻孔安设雷管或导爆索，必须用木或竹棒进行。当孔深较大时，药包要用绳子吊下，或用木制炮棍护送，不允许直接往孔内丢药包。

起爆药卷（雷管）应设置在装药全长的 1/3 ～ 2/3 位置上（从炮孔口算起），雷管应置于装药中心，聚能穴应指向孔底，导爆索只许用锋利的刀一次切割好。

遇有暴风雨或闪电打雷时应禁止进行装药、安设电雷管和连接电线等操作。

在潮湿条件下进行爆破，药包及导火索表面应涂防潮剂加以保护，以防受潮失效。

爆破孔洞的堵塞应保证要求的堵塞长度，充填密实、不漏气。填充直孔可用干细砂土、砂子，黏土或水泥等惰性材料。最好用 1 ∶ 3 ～ 1 ∶ 2 (黏土：粗砂) 的土砂混合物，含水量在 20%，分层轻轻压实，不得用力挤压。水平炮孔和斜孔宜用 2 ∶ 1 土砂混合物，做成直径比炮孔小 5 ～ 8 毫米、长 100 ～ 150 毫米的圆柱形炮泥棒填塞密实。填塞长度应大于最小抵抗线长度的 10% ～ 15%，在堵塞时应注意勿捣坏导火索和雷管的线脚。

导火索长度应根据爆破员在完成全部炮眼和进入安全地点所需的时间来确定，其最短长度不得少于 1 米。

四、爆破安全距离

爆破时，应划出警戒范围，立好标志，现场人员应退到安全区域，并有专人警戒，以防爆破飞石、爆破地震、冲击波以及爆破毒气对人身造成伤害。

爆破飞石、空气冲击波、爆破毒气对人身以及爆破震动对建筑物影响的安全距离计算方法如下。

1. 爆破地震安全距离

目前，国内外爆破工程多以建筑物所在地表的最大质点振动速度作为判别爆破震动对建筑物的破坏标准。

通常采用的经验公式为：

$$v=K\left(Q^{1/3}/R\right)^{a}$$

式中：v——爆破地震对建筑物（或构筑物）及地基产生的质点垂直振动速度，单位为厘米 / 秒；

K——与岩土性质、地形和爆破条件有关的系数，在土中爆破时，K=150 ～ 200，在岩石中爆破时，K=100 ～ 150；

Q——同时起爆的总装药量，单位为千克；

R——药包中心到某一建筑物的距离，单位为米；

a——爆破地震随距离衰减系数，可按 1.5 ～ 2.0 考虑。

观测成果表明：当 v=10 ～ 12 厘米 / 秒时，一般砖木结构的建筑物便可能被破坏。

2. 爆破空气冲击波安全距离

爆破空气冲击波安全距离公式为：

$$R_k=K_k\sqrt{Q}$$

式中：R——爆破冲击波的危害半径，单位为米；

K——系数，对于人来说，$K_k=5\sim10$，对建筑物要求安全无损时，裸露药包 $K_k=50\sim150$，埋入药包 $K_k=10\sim50$；

Q——同时起爆的最大的一次总装药量，单位为千克。

3. 个别飞石安全距离

个别飞石安全距离公式为：

$$R_f=20n^2W$$

式中：n——最大药包的爆破作用指数；

W——最小抵抗线，单位为米。

实际采用的飞石安全距离不得小于下列数值：裸露药包 300 米，浅孔或深孔爆破 200 米，洞室爆破 400 米。对于顺风向的安全距离应增大一倍。

五、爆破防护覆盖方法

基础或地面以上构筑物爆破时，可在爆破部位上铺盖湿草垫或草袋（内装少量砂土）作为头道防线，再在其上铺放胶管帘或胶垫，外面再以帆布棚覆盖，用绳索拉住捆紧，以阻挡爆破碎块、降低声响。

对离建筑物较近或在附近有重要设备的地下设备基础爆破，应采用橡胶防护垫（用废汽车轮胎编织成排）、环索连接在一起的粗圆木、铁丝网、脚手板等护盖其上防护。

对一般破碎爆破，防飞石可用韧性好的铁丝爆破防护网、布垫、帆布、胶垫、旧布垫、荆笆、草垫、草袋或竹帘等作防护覆盖。

对平面结构，如钢筋混凝土板或墙面的爆破，可在板（或墙面）上架设可拆卸（或活动式）的钢管架子，上盖铁丝网，再铺上内装少量砂土的草包形成一个防护罩。

爆破时，为保护周围建筑物及设备不被打坏，可在其周围用厚度为 5 厘米的木板加以掩护，并用铁丝捆牢，距炮孔距离不得小于 50 厘米。如爆破体靠近钢结构或需保留部分，必须用沙袋加以保护，其厚度不小于 50 厘米。

六、瞎炮的处理方法

通过引爆而未能爆炸的药包叫“瞎炮”。处理瞎炮之前必须查明拒爆原因，然后根据具体情况慎重处理。

1. 重爆法

瞎炮是因为炮孔外的电线电阻、导火索或电爆网（线）路不合要求而造成的，经检查可燃性和导电性能完好，纠正后可以重新接线起爆。

2. 诱爆法

当炮孔不深（在 50 厘米以内）时，可用裸露爆破法炸毁；当炮孔较深时，距炮孔近旁 60 厘米处（用人工打孔 30 厘米以上），钻（打）一个与原炮孔平行的新炮孔，再重新装药起爆，将原瞎炮销毁。钻平行炮孔时，应将瞎炮的堵塞物掏出，插入一根木棍，作为钻孔的导向标志。

3. 掏炮法

可用木制或竹制工具，小心地将炮孔上部的堵塞物掏出；如果是硝铵类炸药，可用低压水浸泡并冲洗出整个药包，或以压缩空气和水混合物把炸药冲出来，将拒爆的雷管销毁，或将上部炸药掏出部分后，再重新装入起爆药包起爆。

在处理瞎炮时，严禁把带有雷管的药包从炮孔内拉出来，严禁拉动电雷管上的导火索或雷管脚线，把电雷管从药包内拔出来时，严禁掏动药包内的雷管。

第四章　施工排水建设

第一节　施工导流

一、施工导流的基本方法

施工导流方式大体上可以分为两类：一类是全段围堰法，也称为“河床外导流”，即用围堰一次拦断全部河床，将原河道水流引向河床外的明渠或隧洞等泄水建筑物导向下游；另一类是分段围堰法，也称为“河床内导流”，即采用分期导流，将河床分段用围堰挡水，使原河道水流分期通过被束窄的河道或坝体底孔、缺口、隧洞、涵洞、厂房等导向下游。

此外，按导流泄水建筑物型式还可以将导流方式分为明渠导流、隧洞导流、涵管导流、底孔导流、缺口导流、厂房导流等。一个完整的施工导流方案，常由几种导流方式组成，以适应围堰挡水的初期导流、坝体挡水的中期导流和施工拦洪蓄水的后期导流三个不同导流阶段的需要。

（一）全段围堰法

如图 4-1 所示，采用全段围堰法导流方式，就是在河床主体工程的上下游各建一道拦河围堰，使河水经河床以外的临时泄水道或永久泄水建筑物下泄。主体工程建成或接近建成时，再将临时泄水道封堵。在我国黄河等干流上已建成或在建的许多水利工程都采用了全段围堰法的导流方式，如龙羊峡、大峡、小浪底以及拉西瓦等水利枢纽，在施工过程中均采用河床外隧洞或明渠导流。

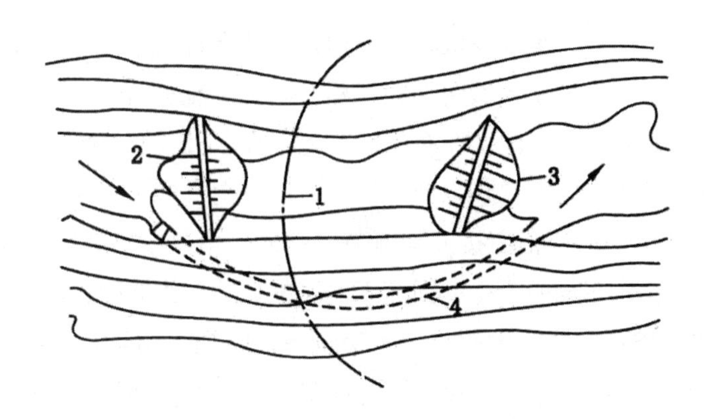

图 4—1　全段围堰法施工导流方式

1—水工建筑物轴线；2—上游围堰；3—下游围堰；4—导流洞

采用全段围堰法导流，主体工程施工过程中受水流干扰小、工作面大，有利于高速施工，上下游围堰还可以兼作两岸交通纽带。但是，这种方法通常需要专门修建临时泄水建筑物（最好与永久建筑物相结合，综合利用），从而增加导流工程费用，推迟主体工程开工日期，可能造成施工过于紧张。

全段围堰法导流，其泄水建筑物类型有以下几种。

1. 明渠导流

明渠导流是在河岸上开挖渠道，在水利工程施工基坑的上下游修建围堰挡水，将原河水通过明渠导向下游，如图 4—2 所示。

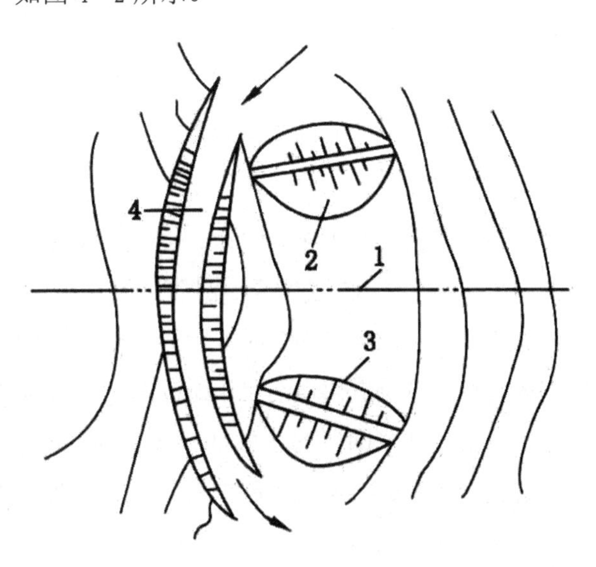

图 4—2　明渠导流

1—水工建筑物轴线；2—上游围堰；3—下游围堰；4—导流明渠

明渠导流多用于岸坡较缓，有较宽阔滩地或岸坡上有沟溪、老河道可利用，施工导流流量大，地形、地质条件利于布置明渠的工程。明渠导流费用一般比隧洞导流费用少，过流能力大，施工比较简单。因此，在有条件的地方宜采用明渠导流。

导流明渠的布置，一定要保证水流通畅、泄水安全、施工方便、轴线短、工程量少。明渠进出口应与上下游水流相衔接，与河道主流的交角以小于或等于 30° 为宜；到上下游围堰坡脚的距离，以明渠所产生的回流不淘刷围堰地基为原则；明渠水面与基坑水面最短距离要大于渗透破坏所要求的距离；为保证水流畅通，明渠转弯半径不小于渠底宽的 3 ～ 5 倍；河流两岸地质条件相同时，明渠宜布置在凸岸，但是，对于多沙河流则可考虑布置在凹岸。导流明渠断面多选择梯形或矩形，并力求过水断面湿周小，渠道糙率低，流量系数大。渠道的设计过水能力应与渠道内泄水建筑物过水能力相匹配。

2. 隧洞导流

隧洞导流是在河岸中开挖隧洞，在水利工程施工基坑的上下游修筑围堰挡水，将原河水通过隧洞导向下游。隧洞导流多用于山区间流。由于山高谷窄，两岸山体陡峻，无法开挖明渠而有利于布置隧洞。隧洞的造价较高，一般情况下都是将导流隧洞与永久性建筑物相结合，达到一洞多用的目的。通常永久隧洞的进口高程较高，而导流隧洞的进口高程较低。此时，可开挖一段低高程的导流隧洞与永久隧洞低离程部分相连，导流任务完成后，将导流隧洞进口段封堵，这种布置俗称“龙抬头”。

导流隧洞的布置，取决于地形、地质、水利枢纽布置形式以及水流条件等因素。其中，地质条件和水力条件是影响隧洞布置的关键因素。地质条件好的临时导流隧洞，一般可以不衬砌或只局部衬砌，有时为了增强洞壁的稳定性、提高泄水能力，可以采用光面爆破、喷锚支护等施工技术；地质条件较差的导流隧洞，一般都要衬砌，衬砌的作用是承受山岩压力，填塞岩层裂隙，防止渗漏，抵制水流、空气、温度与湿度变化对岩壁的不利影响以及减小洞壁糙率等。导流隧洞的水力条件复杂，运行情况也较难观测，为了提高隧洞单位面积的泄流能力，减小洞径，应注意改善隧洞的过流条件。隧洞进出口应与上下游水流相衔接，与河道主流的交角以 30° 左右为宜；隧洞最好布置成直线，若有弯道，其转弯半径以大于 5 倍洞宽为宜；隧洞进出口与上下游围堰之间要有适当的距离，一般大于 50m 为宜，防止隧洞进出口水流冲刷围堰的迎水面；采用无压隧洞时，设计中要注意洞内最高水面与洞顶之间留有适当富余；采用压力隧洞时，设计中要注意无压与有压过渡段的水力条件，尽量使水流顺畅，宣泄能力强，避免空蚀破坏。

导流隧洞的断面形式，主要取决于地质条件、隧洞的工作条件、施工条件以及断面尺寸等。常见的断面形式有圆形、马蹄形和城门洞形（方圆形）。

3. 涵管导流

在河岸枯水位以上的岩滩上筑造涵管，然后在水利工程施工基坑上下游修筑围堰挡水，将原河水通过涵管导向下游，如图 4—3 所示。涵管导流一般用于中、小型土石坝、水闸等工程，分期导流的后期导流也有采用涵管导流方式的。

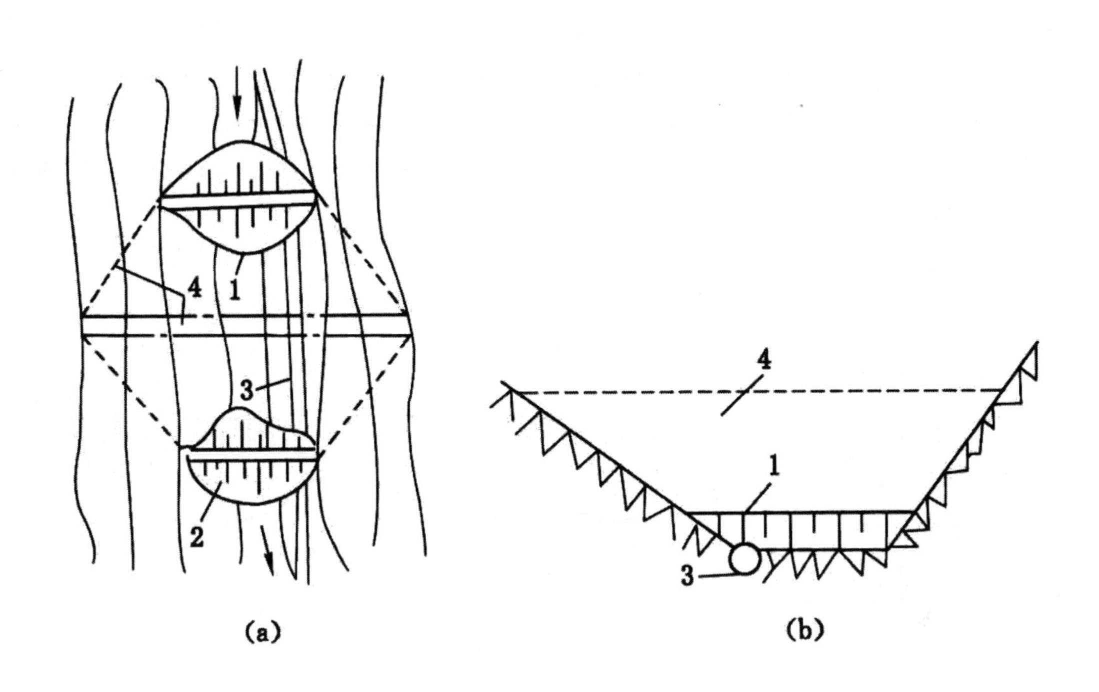

图 4—3　涵管导流

（a）平面图；（b）上游立视图

1—上游围堰；2—下游围堰；3—导流涵管；4—坝体

与隧洞导流相比，涵管导流方式具有施工工作面大，施工灵活、方便、速度快、工程造价低等优点。涵管一般为钢筋混凝土结构。当与永久涵管相结合时，采用涵管导流比较合理。在某些情况下，可在建筑物岩基中开挖沟槽，必要时加以衬砌，然后顶部加封混凝土或钢筋混凝土顶拱，形成涵管。

涵管宜布置成直线，选择合适的进出口形式，使水流顺畅，避免发生冲淤、渗漏、空蚀等现象，出口消能安全可靠。多采用截渗环来防止沿涵管的渗漏，截渗环间距一般为 10 ～ 20m、环高 1 ～ 2m、厚度 0.5 ～ 0.8m。为减少截渗环对管壁的附加应力，有时将截渗环与涵管管身用缝分离，缝周填塞沥青止水。若不设截渗环，则在接缝处加厚凸缘防渗。为防止集中渗漏，管壁周围铺筑防渗填料，做好反滤层，并保证压实质量。涵管管身伸缩缝、沉陷缝的止水要牢靠，接缝结构要能适应一定的变形要求，在渗流逸出带做好排水措施，避免产生管涌。特殊情况下，涵管布置在硬土层上时，对涵管地基应做适当处理，防止土层压缩变形产生不均匀沉陷，造成涵管破坏事故。

4. 渡槽导流

枯水期，在低坝、施工流量不大（通常不超过 20 ～ 30m³/s）、河床狭窄、分期预留缺口有困难，以及无法利用输水建筑物导流的情况下，可采用渡槽导流。渡槽一般为木质(已较少用）或装配式钢筋混凝土的矩形槽，用支架架设在上下游围堰之间，将原河水或渠道水导向下游。它结构简单、建造迅速，适用于流量较小的情况。对于水闸工程的施工，采用闸孔设置渡槽较为有利。农田水利工程施工过程中，在不影响渠道正常输水情况下修筑渠系建筑物时，也可以采用这种导流方式，如图 4—4 所示。

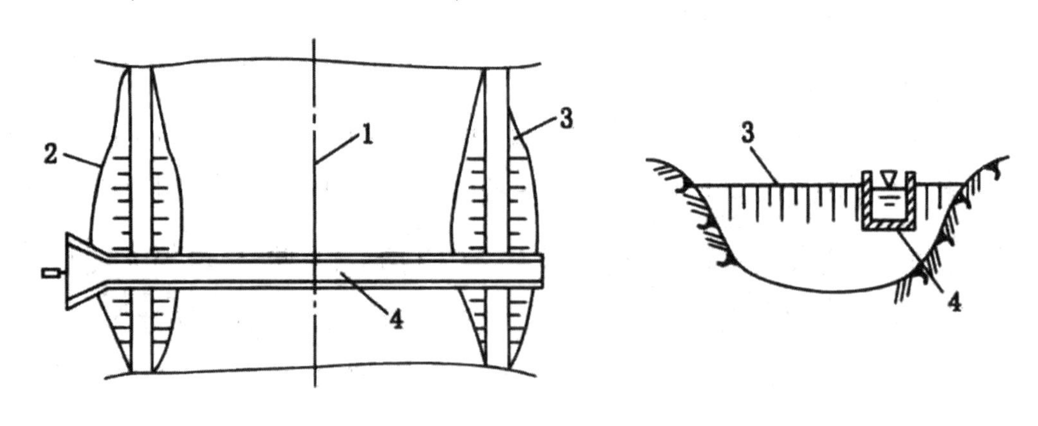

图 4—4　渡槽导流

1—坝轴线；2—上游围堰；3—下游围堰；4—渡槽

（二）分段围堰法

如图 4—5 所示，采用分段围堰法导流方式，就是用围堰将水利工程施工基坑分段分期围护起来，使原河水通过被束窄的河床或主体工程中预留的底孔、缺口导向下游的施工方法。由图 4—5 可以看出，分段围堰法的施工程序是先将河床的一部分围护起来，在这里首先将河床的右半段围护起来，进行右岸第一期工程的施工，河水由左岸被束窄的河床下泄。修建第一期工程时，在建筑物内预留底孔或缺口；然后将左半段河床围护起来，进行第二期工程的施工，此时，原河水经由预留的底孔或缺口宣泄。对于临时泄水底孔，在主体工程建成或接近建成，水库需要蓄水时要将其封堵。我国长江等流域已建成或在建的水利工程多采用分段围堰法的导流方式，如新安江、葛洲坝及长江三峡等水利枢纽，在施工过程中均采用分段分期的方式导流。

分段围堰法一般适用于河床宽、流量大、施工期较长的工程；在通航或冰凌严重的河道上采用这种导流方式更为有利。一般情况下，与全段围堰法相比施工导流费用较低。

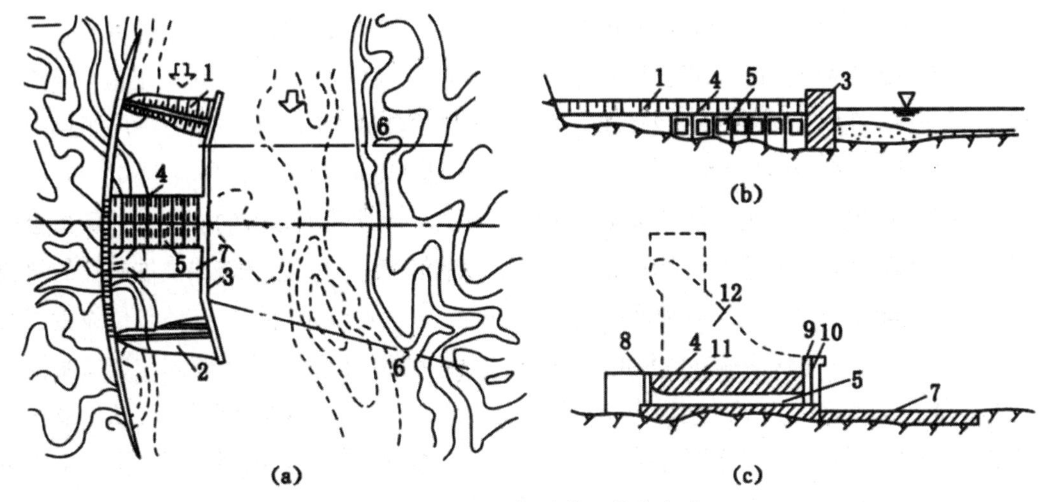

图 4—5　分段围堰法施工导流方式

（a）平面图；（b）下游立视图；（c）导流底孔纵断面图

1—1 期上游横向围堰；2—1 期下游横向围堰；3—1、2 期纵向围堰；4—预留缺口；

5—导流底孔；6—2 期上、下游围堰轴线；7—护坦；8—封堵闸门槽；9—工作闸门槽；

10—事故闸门槽；11—已浇筑的混凝土坝体；12—未浇筑的混凝土坝体

采用分段围堰法导流时，要因地制宜合理制定施工的分段和分期，避免由于时、段划分不合理给工程施工带来困难，延误工期；纵向围堰位置的确定，也就是河床束窄程度的选择是一个关键问题。在确定纵向围堰位置或选择河床束窄程度时，应重视下列问题：①束窄河床的流速要考虑施工通航、筏运以及围堰和河床防冲等因素，不能超过允许流速；②各段主体工程的工程量、施工强度要比较均衡；③便于布置后期导流用的泄水建筑物，不致使后期围堰尺寸或截流水力条件不合理，影响工程截流。

分段围堰法前期都利用束窄的原河床导流，后期要通过事先修建的泄水建筑物导流，常见的泄水建筑物有以下几种。

1. 底孔导流

在混凝土坝的施工过程中，采用坝体内预设临时或永久泄水孔洞，使河水通过孔洞导向下游的施工导流方式称为“底孔导流”。底孔导流多用于分期修建的混凝土闸坝工程中，在全段围堰法的后期施工中，也常采用底孔导流。底孔导流的优点是挡水建筑物上部施工可以不受水流干扰，有利于均衡连续施工，对于修建高坝特别有利。若用坝体内设置的永久底孔作施工导流，效果则更为理想。其缺点是坝体内设置临时底孔，增加了钢材的用量；如果封堵质量差，不仅会造成漏水，还会削弱大坝的整体性；在导流过程中，底孔有被漂浮物堵塞的可能性；封堵时，由于水头较高，安放闸门及止水均较困难。

底孔断面有方圆形、矩形或圆形。底孔的数目、尺寸、高程设置主要取决于导流流量、截流落差、坝体削弱后的应力状态、工作水头、封堵（临时底孔）条件等因素。长江三峡水利枢纽工程三期截流后，采用22个底孔（每个底孔尺寸为6.5m×8.5m）导流，进口水头为33m时，泄流能力达23000m^3/s。巴西图库鲁伊（Tucurui）水电站施工期的导流底孔为40个，每个尺寸为6.5m×13m，泄流能力达35000m^3/s。

底孔的进出水口体型、底孔糙率、闸槽布置、溢流坝段下孔流的水流条件等都会影响底孔的泄流能力。底孔进水口的水流条件不仅影响泄流能力，也是造成空蚀破坏的重要因素。对盐锅峡水电站的施工导流底孔（4m×9m），进口曲线是折线，在该部位设置了两道闸门。20世纪60年代溢流坝溢洪时，封堵了底孔下游出口，仅几天时间，进口闸槽下约12米范围内，底孔的上部及边墩内剥蚀深度达2.5～3.0米，中墩被穿通，无法继续使用。底孔泄流时还要防止对下游可能造成的冲刷。当单宽流量较大、消能不善、下游地质条件较差时，底孔泄流后就有可能发生下游向床被冲刷。

对于临时底孔应根据进度计划，按设计要求做好封堵专门设计。

2. 坝体缺口导流

在混凝土坝的施工过程中，在导流设计规定的部位和高程上，预留缺口，宣泄洪水期部分流量的临时性辅助导流度汛措施。缺口完成辅助导流任务后，仍按设计要求建成永久性建筑物。

缺口泄流流态复杂，泄流能力难以准确计算，一般以水力模型试验值作参考。进口主流与溢流前沿斜交或在溢流前沿形成回流、漩涡，是影响缺口泄流能力的主要因素。缺口的形式和高程不同，也严重影响泄流的分配。在溢流坝段设缺口泄流时，由于其底缘与已建溢流面不协调，流态很不稳定；在非溢流坝段设缺口泄流时，对坝体下游河床的冲刷破坏应予以足够的重视。

在某些情况下，还应做缺口导流时的坝体稳定及局部拉应力的校核。

3. 厂房导流

利用正在施工中的厂房的某些过水建筑物，将原河水导向下游的导流方式称为“厂房导流”。

水电站厂房是水电站的主要建筑物之一，由于水电站的水头、流量、装机容量、水轮发电机组型式等因素及水文、地质、地形等条件各不相同，厂房型式各异，布置也各不相同。应根据厂房特点及发电的工期安排，考虑是否需要和可能利用厂房进行施工导流。

厂房导流的主要方式有：①来水通过未完建的蜗壳及尾水管导向下游；②来水通过泄水底孔导向下游，底孔可以布置在尾水管上部；③来水通过泄水底孔进口，经设置在尾水管锥形体内的临时孔进入尾水管导向下游。我国的大化水电站和西津水电站都采用了厂房导流方式。

以上按全段围堰法和分段围堰法分别介绍了施工导流的几种基本方法。在实际工程中，由于枢纽布置和建筑物型式的不同以及施工条件的影响，必须灵活应用，进行恰当的组合才能比较合理地解决一个工程在整个施工期间的施工导流问题。例如，底孔和坝体缺口泄流，并不只适用于分段围堰法导流，在全段围堰法的后期导流中，也常常得到应用；隧洞和明渠泄流，同样并不只适用于全段围堰法导流，也经常被用于分段围堰法的后期导流。因此，选择一个工程的导流方法时，必须因时、因地制宜，绝不能机械死板地套用。

二、围堰

围堰是围护水工建筑物施工基坑，避免施工过程中受水流干扰而修建的临时挡水建筑物。在导流任务完成以后，如果未将围堰作为永久建筑物的一部分，围堰的存在妨碍永久水利枢纽的正常运行时，应予以拆除。

根据施工组织设计的安排，围堰可围占一部分河床或全部拦断河床。按围堰轴线与水流方向的关系，可分为基本垂直水流方向的横向围堰及顺水流方向的纵向围堰；按围堰是否允许过水，可分为过水围堰和不过水围堰。通常围堰的基本类型是按围堰所用材料划分的。

（一）围堰的基本形式及构造

1. 土石围堰

在水利工程中，土石围堰通常是用土和石渣（或砾石）填筑而成的。由于土石围堰能充分利用当地材料，构造简单，施工方便，对地形地质条件要求低，便于加高培厚，所以应用较广。

土石围堰的上下游边坡取决于围堰高度及填土的性质。用砂土、黏土及堆石建造土石围堰，一般将堆石体放在下游，砂土和黏土放在上游以起防渗作用。堆石与土料接触带设置反滤，反滤层最小厚度不小于0.3米。用砂砾土及堆石建造土石围堰，则需设置防渗体。若围堰较高、工程量较大，往往要考虑将堰体作为土石坝体的组成部分，此时，对围堰质量的要求与坝体填筑质量要求完全相同。

土石坝常用土质斜墙或心墙防渗，如图4—6所示。也有用混凝土或沥青混凝土心墙防渗，并在混凝土防渗墙上部接土工膜材料防渗。当河床覆盖层较浅时，可在挖除覆盖层后直接在基岩上浇筑混凝土心墙，但目前更多的工程则是采用直接在堰体上造孔挖槽穿过覆盖层浇筑各种类型的混凝土防渗墙，如图4—6（c）所示。早期的堰基覆盖层多用黏土铺盖加水泥灌浆防渗，如图4—6（d）所示。近年来，高压喷射灌浆防渗逐渐兴起，效果较好。

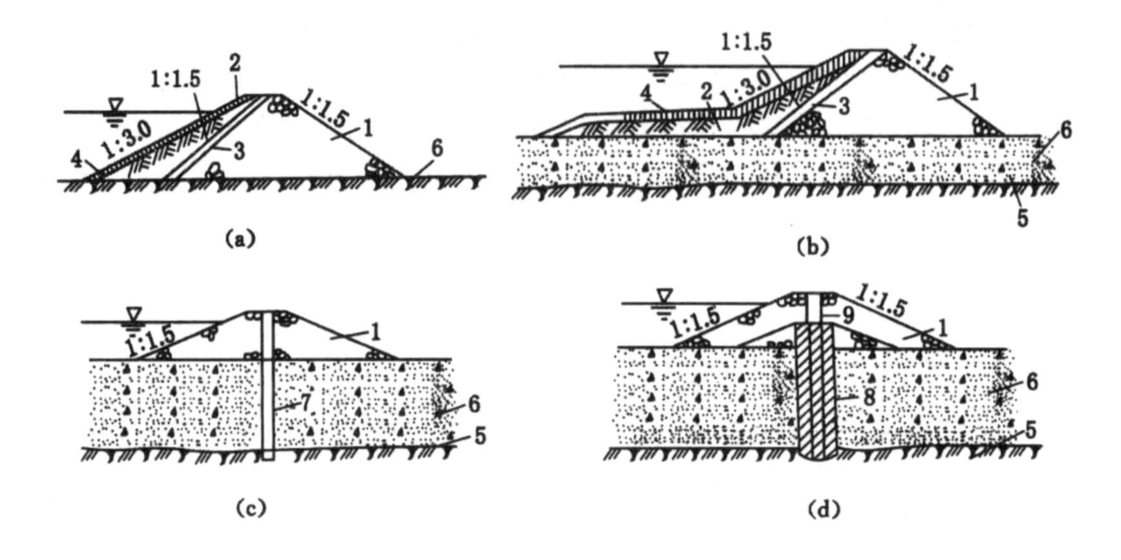

图 4—6 土石围堰

（a）斜墙式；（b）带水平铺盖的斜墙式；（c）垂直防渗墙式；（d）灌浆帷幕式

1—堆石体；2—黏土斜墙、铺盖；3—反滤层；4—护面；5—隔水层；

6—覆盖层；7—垂直防渗墙；8—灌浆帷幕；9—黏土心墙

土石围堰还可以细分为土围堰和堆石围堰。

土围堰由各种土料填筑或水力冲填而成。按围堰结构分为均质和非均质土围堰，后者设斜墙或心墙防渗，土围堰一般不允许堰顶溢流。堰顶宽度根据堰高、构造、防汛、交通运输等要求确定，一般不小于 3 米。围堰的边坡取决于堰高、土料性质、地基条件及堰型等因素。根据不透水层埋藏深度及覆盖层具体条件，选用带铺盖的截水墙防渗或混凝土防渗墙防渗。为保证堰体稳定，土围堰的排水设施要可靠，围堰迎水面水流流速较大时，需设置块石或卵石护坡，土围堰的抗冲能力较差，通常只作横向围堰。

堆石围堰由石料填筑而成，需设置防渗斜墙或心墙，采取护面措施后堰顶可溢流。上下游坡根据堰高、填石要求及是否溢流等条件决定。溢流的堰体则视溢流单宽流量、上下游水位差、上下游水流衔接条件及堰体结构与护坡类型而定，堰体与岸坡连接要可靠，防止接触面渗漏。在土基上建造堆石围堰时，需沿着堰基面预设反滤层。堰体者与土石坝结合，堆石质量要满足土石坝的质量要求。

2. 草土围堰

为避免河道水流干扰，用麦草、稻草和土作为主要材料建成的围护施工基坑的临时挡水建筑物，如图 4—7（a）所示。

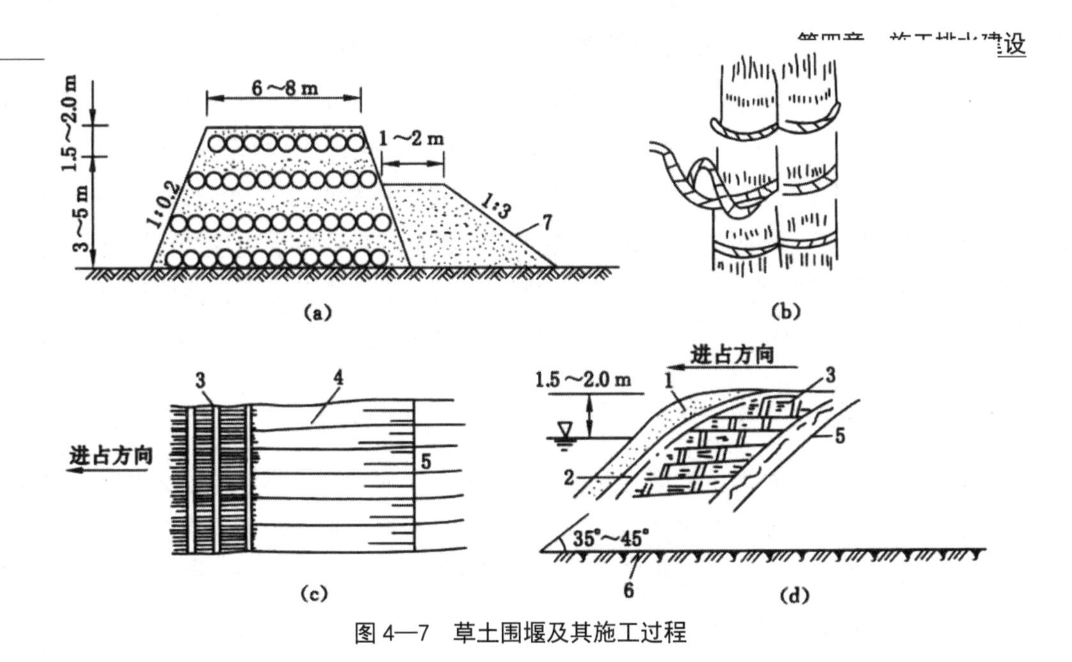

图 4—7　草土围堰及其施工过程

（a）草土围堰；（b）草捆；（c）围堰进占平面图；（d）围堰进占纵断面图

1—黏土；2—散草；3—草捆；4—草绳；5—岸坡或已建堰体；6—河底；7—戗台

我国在 2000 多年以前就有将草、土等材料用于宁夏引黄灌溉工程及黄河堵口工程的记载，在青铜峡、八盘峡、刘家峡及盐锅峡等黄河上的大型水利工程中，也都先后采用过草土围堰这种筑堰形式。

草土围堰底宽约为堰高的 2.0 ～ 3.0 倍，围堰的顶宽一般为水深的 2.0 ～ 2.5 倍。在堰顶有压重，并能够保证施工质量且地基为岩基时，水深与顶宽比可采用 1 ： 1.5 的比例。内外边坡按稳定要求核定，为 1 ： 0.2 ～ 1 ： 0.5。一般每立方米土用草 75 ～ 90kg，草土体的密度约为 $1.1t/m^3$，稳定计算时草与砂卵石、岩石间的摩擦系数分别采用 0.4 和 0.5，草土体的逸出坡降一般控制在 0.5 左右。堰顶超高取 1.5 ～ 2.0m。

草土围堰可在水流中修建，其施工方法有散草法、捆草法和端捆法，普遍采用的是捆草法。用捆草法修筑草土围堰时，先将两束直径为 0.3 ～ 0.7m、长为 1.5 ～ 2.0m、重约 5 ～ 7kg 的草束用草绳扎成一捆，并使草绳留出足够的长度，如图 4—7（b）所示；然后沿河岸在拟修围堰的整个宽度范围内分层铺草捆，铺一层草捆，填一层土料（黄土、粉土、沙壤土或黏土），铺好后的土料只需人工踏实即可，每层草捆应按水深大小叠接 1/3 ～ 2/3，这样层层压放的草捆就会形成一个斜坡，坡角约为 35° ～ 45°，直到高出水面 1m 以上为止；随后在草捆层的斜坡上铺一层厚 0.2 ～ 0.3m 的散草，再在散草上铺上一层约 0.3m 厚的土层，这样就完成了堰体的压草、铺草和铺土工作的一个循环；连续进行以上施工过程，堰体即可不断前进，后部的堰体则渐渐沉入河底。当围堰出水后，在不影响施工进度的前提下，争取铺土打夯，把围堰逐步加高到设计高程，如图 4—7（c）、（d）所示。

草土围堰具有就地取材、施工简便、拆除容易、适应地基变形、防渗性能好等特点，特别在多沙河流中，可以快速闭气。在青铜峡水电站施工中，只用40天时间，就在最大水深7.8m、流量1 900m^3/s、流速3m/s的河流上建成长580m、工程量达7万m^{3}的草土围堰。但这种围堰不能承受较大水头，一般适用于水深为6～8m，流速为3～5m/s的场合。草土围堰的沉陷量较大，一般为堰高的6%～7%。草料易于腐烂，使用期限一般不超过两年。在草土围堰的接头，尤其是软硬结构的连接处比较薄弱，施工时应特别予以重视。

3. 混凝土围堰

混凝土围堰的抗冲与抗渗能力大，挡水水头高，底宽小，易于与永久混凝土建筑物相连接，必要时还可过水，既可作横向围堰，又可作纵向围堰，因此采用得比较广泛。在国外，采用拱形混凝土围堰的工程较多。近年，国内的贵州省乌江渡、湖南省凤滩等水利水电工程也采用过拱形混凝土围堰作横向围堰，但用得多的还是纵向重力式混凝土围堰。

混凝土围堰对地基要求较高，多建于岩基上。修建混凝土围堰，往往要先建临时土石围堰，并进行抽水、开挖、清基后才能修筑。混凝土围堰的形式主要有重力式混凝土围堰和拱型两种。

①重力式混凝土围堰。

施工中采用分段围堰法导流时，常用重力式混凝土围堰兼作第一期和第二期纵向围堰，两侧均能挡水，还能作为永久建筑物组成的一部分，如隔墙、导墙等。重力式混凝土围堰的断面型式与混凝土重力坝断面型式相同。为节省混凝土，围堰不与坝体接合的部位，常采用空框式、支墩式和框格式等。重力式混凝土围堰基础面一般都设排水孔，以增强围堰的稳定性并可节约混凝土。碾压混凝土围堰投资小、施工速度快、应用潜力巨大。三峡水利枢纽三期上游挡水发电的碾压混凝土围堰，全长572m，最大堰高124m，混凝土用量为168万m^3/月，最大上升高度为23m，月最大浇筑强度近40万m^3。

②拱形混凝土围堰。

如图4—8所示，拱形混凝土一般适用于两岸陡峻、岩石坚实的山区或河谷覆盖层不厚的河流。此时常采用隧洞及允许基坑淹没的导流方案。这种围堰高度较高，挡水水头在20m以上，能适应较大的上下游水位差及单宽流量，技术上也较可靠。通常围堰的拱座是在枯水期水面以上施工的，当河床的覆盖层较薄时也可进行水下清基、立模、浇筑部分混凝土；若覆盖层较厚则可灌注水泥浆防渗加固。堰身的混凝土浇筑则要进行水下施工，难度较高。在拱基两侧要回填部分砂砾料以利灌浆，形成阻水帐幕。有的工程在堆石体上修筑重力式拱形围堰，其布置如图4—9所示。围堰的修筑通常从岸边沿围堰轴线向水中抛填砂砾石或石渣进占；出水后进行灌浆，使抛填的砂砾石体或石渣体固结，并使灌浆帷幕穿透覆盖层直至隔水层；然后在砂砾石体或石渣体上浇筑重力式拱形混凝土围堰。

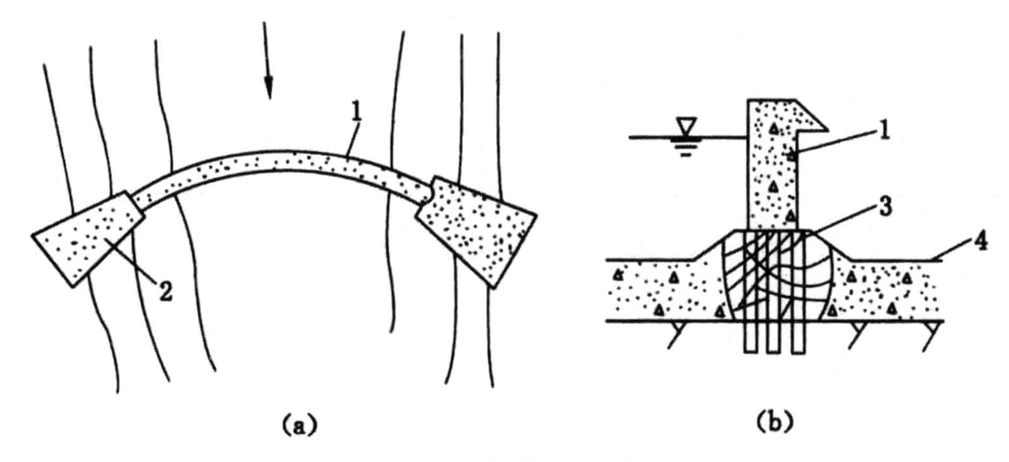

图 4—8　拱形混凝土围堰

（a）平面图；（b）横断面图

1—拱身；2—拱座；3—覆盖层；4—地面

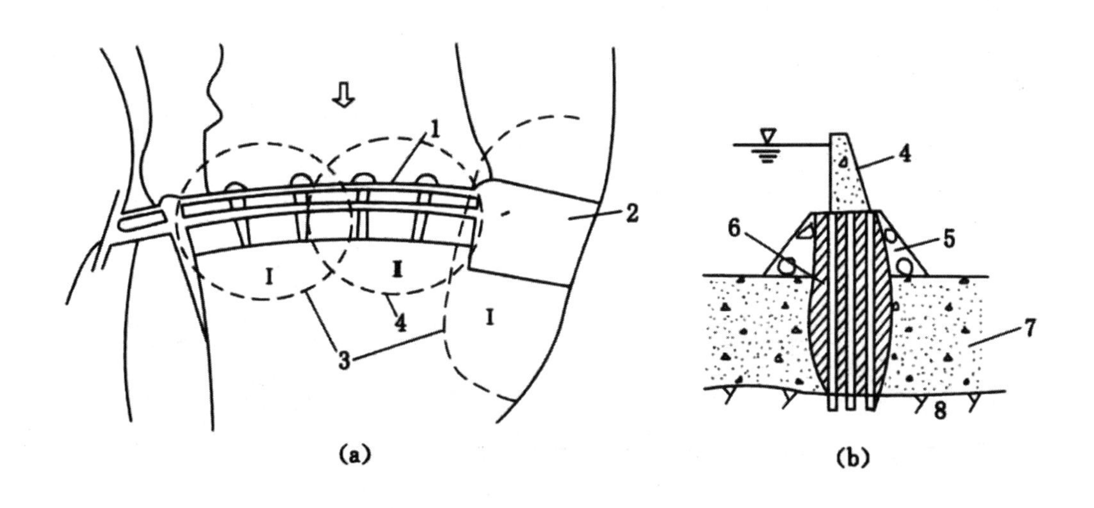

图 4—9　建在堆石体上的重力式拱形混凝土围堰

（a）平面图；（b）横断面图

1—主体建筑物；2—水电站；3 一期围堰；4—二期围堰；

5—堆石体；6—灌浆帷幕；7—覆盖层；8—隔水层

拱形混凝土围堰与重力式混凝土围堰相比，断面较小，节省混凝土用量，施工速度较快。

4. 过水围堰

过水围堰是在一定条件下允许堰顶过水的围堰。过水围堰既能担负挡水任务，又能在汛期泄洪，适用于洪枯流量比值大、水位变幅显著的河流。其优点是减小施工导流泄水建筑物规模，但过流时基坑内不能施工。对于可能出现枯水期有洪水而汛期又有枯水的河流，可通过施工强度和导流总费用（包括导流建筑物和淹没基坑的总费用总和）的技术经济比较，选用合理的挡水设计流量。一般情况下，根据水文特性及工程重要性，给出枯水期 5% ～ 10% 频率的几个流量值，通过分析论证选取，选取的原则是力争在枯水年能全年施工。为了保证堰体在过水条件下的稳定性，还需要通过计算或试验确定过水条件下的最不利流量，作为过水设计流量。

当采用允许基坑淹没的导流方案时，围堰堰顶必须允许过水。如前文所述，土石围堰是散粒体结构，是不允许过水的。因为土石围堰过水时，一般受到两种破坏作用：一是水流往下游坡面下泄，动能不断增加，冲刷堰体表面；二是由于过水时水流渗入堆石体所产生的渗透压力引起下游坡面同堰顶一起深层滑动，最后导致溃堰的严重后果。因此，过水土石围堰的下游坡面及堰脚应采用可靠的加固保护措施。目前采用的防护措施有大块石护面、钢丝笼护面、加钢筋护面及混凝土板护面等，较普遍的是混凝土板护面。

①混凝土板护面过水土石围堰。

江西省上犹江水电站采用的便是混凝土板护面过水土石围堰。围堰由维持堰体稳定的堆石体、防止渗透的黏土斜墙、满足过水要求的混凝土护面板以及维持堰体和护面板抗冲稳定的混凝土挡墙等部分构成，如图 4—10 所示。

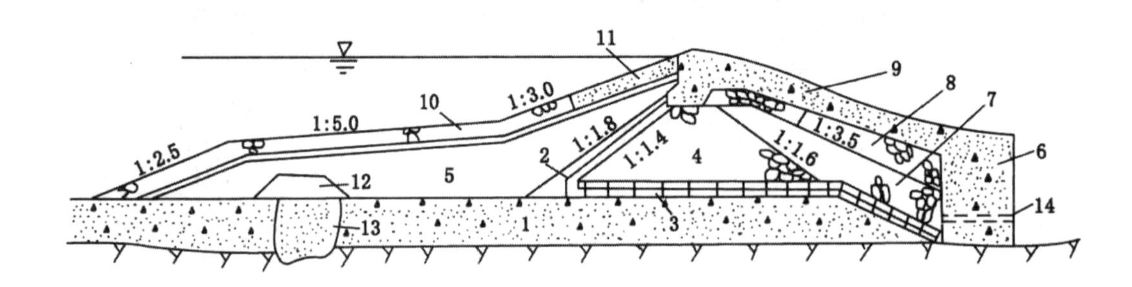

图 4—10　江西上犹江水电站混凝土板护面过水土石围堰

1—堆石体；2—反滤层；3—柴排护体；4—堆石体；5—黏土防渗斜墙；

6—毛石混凝土挡墙；7—回填块石；8—干砌块石；9，11—混凝土护面板；

10—块石护面板；12—黏土顶盖；13—水泥灌浆；14—排水孔

混凝土护面板的厚度初拟时可为 0.4 ～ 0.6m、边长为 4 ～ 8m，其后尺寸应通过强度计算和抗滑稳定验算确定。

混凝土护面板要求不透水，接缝要设止水，板面要平顺，以免在高速水流影响下发生气蚀或位移。为加强面板间的相互牵制作用，相邻面板可用 φ 6 ～ 16 的钢筋连接在一起。

混凝土护面板可以预制也可以现浇，但面板的安装或浇筑应错缝、跳仓，施工顺序应从下游面坡脚向堰顶进行。

过水土石围堰的修建，需将设计断面分成两期。第一期修建所谓“安全断面”，即在导流建筑物泄流情况下，进行围堰截流、闭气、加高培厚。先完成临时断面然后抽水排干基坑，见图 4—11 (a)；第二期在安全断面挡水条件下修建混凝土挡墙，见图 4—11 (b)；并继续加高培厚修筑堰顶及下游坡护面等，直至完成设计断面，见图 4—11 (c)。

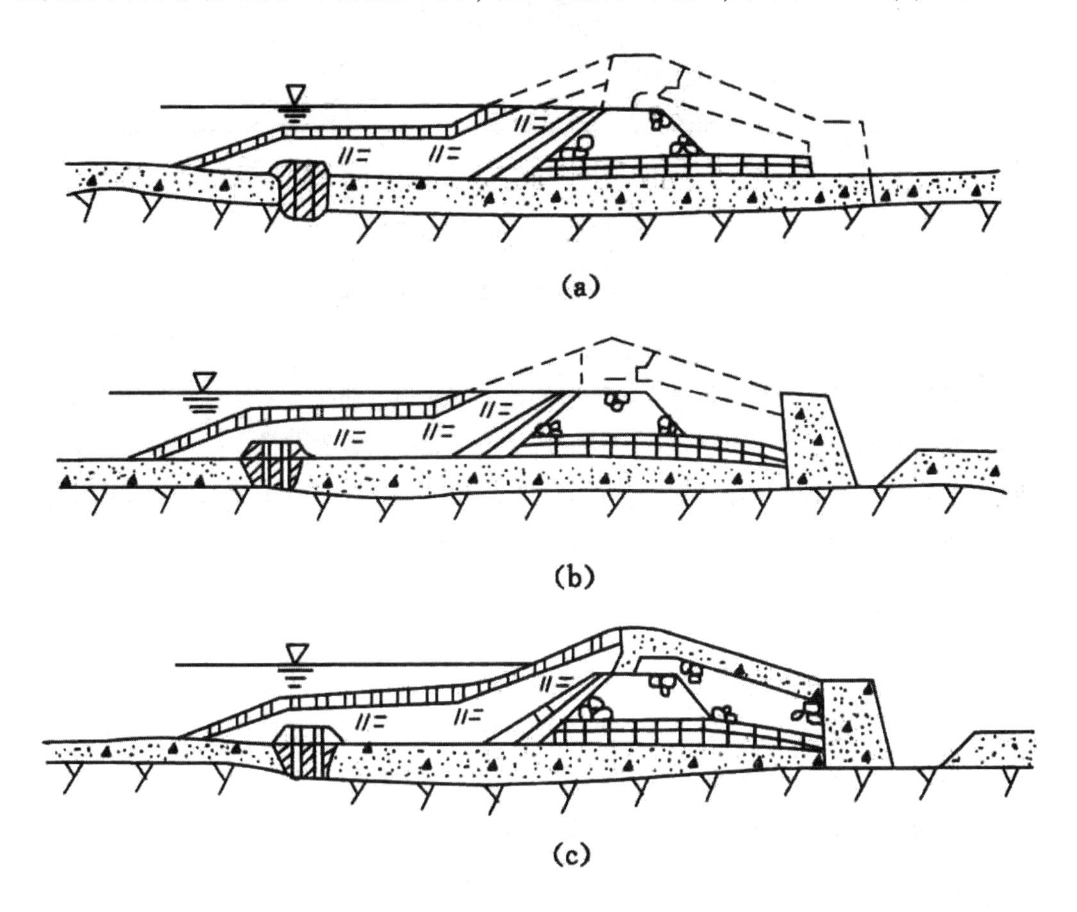

图 4—11　过水土石围堰施工程序

(a) 一期断面；(b) 二期断面；(c) 设计断面

②加筋过水土石围堰。

20 世纪 50 年代以来，为了解决堆石坝的度汛、泄洪问题，国外已成功地建成了多座加筋过水堆石坝，坝高达 20 ～ 30m，坝顶过水泄洪能力近千立方米每秒。加筋过水土石坝解决了堆石体的溢洪过水问题，从而为解决土石围堰过水问题开辟了新的途径。加筋过水土石围堰如图 4—12 所示，是在围堰的下游坡面上铺设钢筋网，以防坡面的石块被冲走，并在下游部位的堰体内埋设水平向主锚筋以防止下游坡连同堰顶一起滑动。下游面采用钢筋网护面可使护面石块的尺寸减小、下游坡角加大，其造价低于混凝土板护面过水土石围堰。

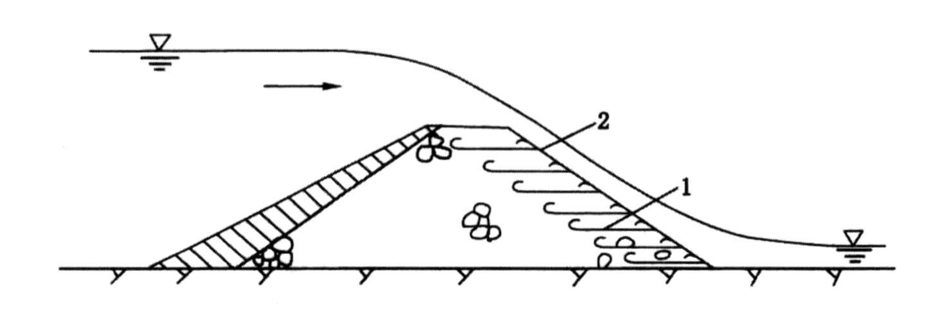

图 4—12　加筋过水土石围堰

1—水平向主锚筋；2—钢筋网

必须指出的是：①加筋过水土石围堰的钢筋网应保证质量，不然过水时随水挟带的石块会切断钢筋网，使土石料被水流淘刷成坑，造成塌陷，导致溃口等严重事故；②过水时堰身与两岸接头处的水流比较集中，钢筋网与两岸的连接应十分牢固，一般需回填混凝土直至堰脚处，以利钢筋网的连接生根；③过水以后要进行检修和加固。

5. 木笼围堰

木笼围堰是用方木或两面锯平的圆木叠搭而成的内填块石或卵石的框格结构，具有耐水流冲刷，能承受较高水头，断面较小，既可作为横向围堰，又可作为纵向围堰，其顶部经过适当处理后还可以允许过水。通常木笼骨架在岸上预制、水下沉放。

木笼需耗用大量木材，造价较高，建造和拆除都比较困难，现已较少使用。

6. 钢板桩围堰

用钢板桩设置单排、双排或格形体，既可建于岩基，又可建于土基上，抗冲刷能力强，断面小，安全可靠。堰顶浇筑混凝土盖板后可溢流。钢板桩围堰的修建、拆除可用机械施工，钢板桩回收率高，但质量要求较高，涉及的施工设备亦较多。

钢板桩格形围堰按挡水高度不同，其平面形式有圆筒形格体、扇形格体及花瓣形格体，应用较多的是圆筒形格体。

圆筒形格体钢板桩围堰是由一字形钢板桩拼装而成，由一系列主格体和联弧段所构成。格体内填充透水性较强的填料，如砂、砂卵石或石渣等。

圆筒形格体的直径 D，根据经验一般取挡水高度 H 的 90% ~ 140%，平均宽度 B 为 $0.85D$，$2L$ 为（1.2 ~ 1.33）D。圆筒形格体钢板桩围堰不是一个刚性体，而是一个柔性结构，格体挡水时允许产生一定幅度的变位，提高圆筒内填料本身抗剪强度及填料与钢板之间的抗滑能力，有助于提高格体抗剪稳定性。钢板桩锁口由于受到填料侧压力作用，需校核其抗拉强度。

圆筒形格体钢板桩围堰的修建由定位、打设模架支柱、模架就位、安插钢板桩、打设钢板桩、填充料渣、取出模架及其支柱和填充料渣到达设计高程等工序组成。

（二）围堰形式的选择

围堰的基本要求：①具有足够的稳定性、防渗性、抗冲性及一定的强度；②造价低，工程量较少，构造简单，修建、维护及拆除方便；③围堰之间的接头、围堰与岸坡的连接要安全可靠；④混凝土纵向围堰的稳定与强度，需充分考虑不同导流时期，双向先后承受水压的特点。

选择围堰形式时，必须根据当地具体条件、施工队伍的技术水平、施工经验和特长，在满足对围堰基本要求的前提下，通过技术经济分析对比加以选择。

（三）导流标准

导流建筑物级别及其设计洪水的标准称为“导流标准”。导流标准是确定导流设计流量的依据，而导流设计流量是选择导流方案、确定导流建筑物规模的主要设计依据。导流标准与工程所在地的水文气象特征、地质地形条件、永久建筑物类型、施工工期等直接相关，需要结合工程实际，全面综合分析其技术上的可行性和经济上的合理性，准确地选择导流建筑物级别及其设计洪水的标准，使导流设计流量尽量符合实际施工流量，以减少风险，节约投资。

1. 导流时段的划分

施工过程中，随着工程进展，施工导流所用的临时或永久挡水、泄水建筑物（或结构物）也在相应地发生变化。导流时段就是按照导流程序划分的各施工阶段的延续时间。

水利工程在整个施工期间都存在导流问题。根据工程施工进度及各个时期的泄水条件，施工导流可以分为初期导流、中期导流和后期导流三个阶段。初期导流即围堰挡水阶段的导流。在围堰保护下，在基坑内进行抽水、开挖及主体工程施工等工作；中期导流即坝体挡水阶段的导流。此时导流泄水建筑物尚未封堵，但坝体已达拦洪高程，具备挡水条件，故改由坝体挡水。随着坝体的升高、库容加大，防洪能力也逐渐增大；后期导流即从导流泄水建筑物封堵到大坝全面修建到设计高程时段的导流。这一阶段，永久建筑物已投入运行。

通常河流全年流量的变化具有一定的规律性。按其水文特征可分为枯水期、中水期和洪水期。在不影响主体工程施工的条件下，若导流建筑物只负担枯水期的挡水及泄水任务，显然可以大大减少导流建筑物的工程量，改善导流建筑物的工作条件，具有明显的技术经济效益。因此，合理划分导流时段，明确不同时段导流建筑物的工作状态，是既安全又经济地完成导流任务的基本要求。

导流时段的划分与河流的水文特征、水工建筑物的形式、导流方案、施工进度等有关。一般情况下，土坝、堆石坝和支墩坝不允许过水，因此当施工期较长，而汛期来临前又不能建完时，导流时段就要考虑以全年为标准。此时，按导流标准要求，应该选择一定频率下的年最大流量作为导流设计流量；如果安排的施工进度能够保证在洪水来临前使坝体达到拦洪高程，则导流时段即可按洪水来临前的施工时段作为划分的依据，并按导流标准要求，该时段内具有一定频率的最大流量即为导流设计流量。当采用分段围堰法导流，后期用临时底孔导流来修建混凝土坝时，一般宜划分为三个导流时段：第一时段河水由束窄河床通过，进行第一期基坑内的工程施工；第二时段河水由导流底孔下泄，进行第二期基坑内的工程施工；第三时段进行底孔封堵，坝体全面升高，河水由永久泄水建筑物下泄，也可部分或完全拦蓄在水库中，直到工程完建。在各时段中，围堰和坝体的挡水高程和泄水建筑物的泄水能力，均应按相应时段内一定频率的最大流量作为导流设计流量。

山区形河流，其特点是洪水期流量大、历时短，而枯水期流量则特别小，因此水位变幅很大。例如上犹江水电站，坝型为混凝土重力坝，坝身允许过水，其所在河道正常水位的水面宽仅 40m，水深为 6 ～ 8m；当洪水来临时，河宽增加不大，但水深却增大到 18m。若按一般导流标准要求来设计导流建筑物，不是挡水围堰修得很高，就是泄水建筑物的尺寸要求很大，而使用期又不长，这显然是不经济的。在这种情况下可以考虑采用允许基坑淹没的导流方案，即洪水来临时围堰过水，基坑被淹没，河床部分停工，待洪水过后围堰挡水时再继续施工。这种方案由于基坑被淹没引起的停工天数很短，不致影响施工总进度，而导流总费用（导流建筑物费用与淹没损失费用之和）相对较低，所以基坑淹没的导流方案是合理可行的。

导流总费用最低的导流设计流量，必须经过技术经济比较确定，其计算程序为：①根据河流的水文特征，假定一系列的流量值，分别求出泄水建筑物上下游的水位。②根据这些水位决定导流建筑物的主要尺寸、工程量，估算导流建筑物的费用。③估算由于基坑被淹没一次所引起的直接和间接损失费用。属于直接损失的有基坑排水费，基坑清淤费，围堰及其他建筑物损坏的修理费，施工机械撤离和返回基坑的费用及无法搬运的机械被淹没后的修理费，道路、交通和通信设施的修理费用，劳动力和机械的窝工损失费等；属于间接损失的项目是，由于有效施工时间缩短，而增加的劳动力、机械设备、生产企业的规模、临时房屋等的费用。④根据历年实测水文资料，用统计超过上述假定流量值的总次数除以统计年数得到年平均超过次数，亦即年平均淹没次数。根据主体工程施工的跨汛年数，即可算得整个施工期内基坑淹没的总次数及淹没损失总费用。⑤绘制流量与导流建筑物费用、基坑淹没损失费用的关系曲线，如图 4—13 的曲线 1 和 2 所示，并将它们叠加求得流量与导流总费用的关系曲线 3。显然，曲线 3 上的最低点，即为导流总费用最低时的导流设计流量。

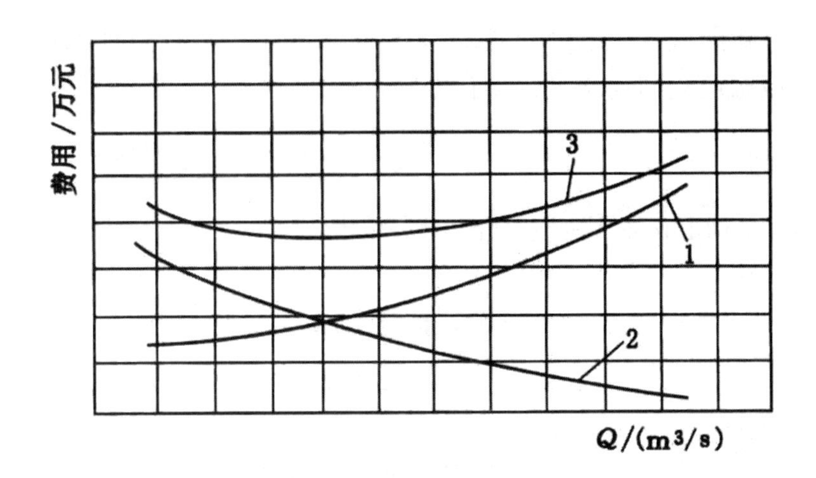

图 4—13　导流建筑物费用、基坑淹没损失费用与导流设计流量的关系

1—流量与导流建筑物费用曲线；2—基坑淹没损失费用曲线；3—流量与导流总费用曲线

2. 导流设计标准

导流设计标准是对导流设计中所采用的设计流量频率的规定。导流设计标准一般随永久建筑物级别以及导流阶段的不同而有所不同，应根据水文特性、流量过程线特性、围堰类型、永久建筑物级别、不同施工阶段库容、失事后果及影响等确定导流设计标准。总的要求是：初期导流阶段的标准可以低一些，中期和后期导流阶段的标准应逐步提高；当要求工程提前发挥效益时，相应的导流阶段的设计标准应适当提高；对于特别重要的工程或下游有重要工矿企业、交通枢纽以及城镇时，导流设计标准亦应适当提高。

（四）围堰的平面布置与堰顶高程

1. 围堰平面布置

围堰的平面布置是一项很重要的设计任务。如果布置不当，围护基坑的面积过大，会增加排水设备容量；面积过小，会妨碍主体工程施工，影响工期；严重的话，会造成水流不畅，围堰及其基础被水冲刷，直接影响主体工程的施工安全。

根据施工导流方案、主体工程轮廓、施工对围堰的要求以及水流宣泄通畅等条件进行围堰的平面布置。全部拦断河床采用河床外导流方式，只布置上、下游横向围堰；分期导流除布置横向围堰外，还要布置纵向围堰。横向围堰一般布置在主体工程轮廓线以外，并要考虑给排水设施、交通运输、堆放材料及施工机械等留有充足的空间；纵向围堰与上下游横向围堰共同围住基坑，以保证基坑内的工程施工。混凝土纵向围堰的一部分或全部常作为永久性建筑物的组成部分。围堰轴线的布置要力求平顺，以防止水流产生漩涡淘刷围堰基础。迎水一侧，特别是在横向围堰接头部位的坡脚，需加强抗冲保护。对于松软地基要进行渗透坡降验算，以防发生管涌破坏。纵向围堰在上下游的延伸要视冲刷条件而定，下游布置一般需要结合泄水条件综合予以考虑。

2. 堰顶高程

堰顶高程的确定取决于导流设计流量以及围堰的工作条件。不过水围堰堰顶高程可按下面的公式计算:

$$H_1 = h_1 + h_{b1} + \delta$$

$$H_2 = h_2 + h_{b2} + \delta$$

式中：H——上下游围堰堰顶高程，单位为米；

h——上下游围堰处的设计洪水静水位，单位为米；

h_b——上下游围堰处的波浪爬高，单位为米；

δ——安全超高，单位为米，见表 4—1。

表 4—1　不过水围堰堰顶安全超高下限值（单位：m）

围堰形式	围堰级别	
	III	Ⅳ～Ⅴ
土石围堰	0.7	0.5
混凝土围堰	0.4	0.3

上游设计洪水静水位取决于设计导流洪水流量及泄水能力。当利用永久性泄水建筑物导流时，若其断面尺寸及进口高程已给定，则可通过水力计算求出上游设计洪水静水位；当用临时泄水建筑物导流时，可求出不同上游设计洪水静水位时围堰与泄水建筑物总造价，从中选出最经济的上游设计洪水静水位。

上游设计洪水静水位的具体计算方法如下。

当采用渡槽、明渠、明流式隧洞或分段围堰法的束窄河床导流时，设计洪水静水位按下面的公式计算:

$$h_1 = H + h + Z$$

式中：H——泄水建筑物进口底槛高程，单位为米；

h——进口处水深，单位为米；

Z——进口水位落差，单位为米。

计算进口处水深，首先应判断其流态。对于缓流，应做水面曲线进行推算，但近似计算时，可采用正常水深；对于急流，可以近似采用临界水深计算。

进口水位落差 Z 可用下面的公式计算：

$$Z = \frac{v^2}{2g\varphi^2} - \frac{v_0^2}{2g}$$

式中：v——进口内流速，单位为 m/s

v_0——上游行进流速，单位为 m/s；

φ——考虑侧向收缩的流速系数，随进口形状不同而变化，一般取 0.8 ～ 0.85；

g——重力加速度，$9.81\mathrm{m/s^2}$。

当采用隧洞、涵管或底孔导流，并为压力流时，设计洪水静水位按下面的公式计算：

$$h_1 = H + h$$

$$h = h_p - iL + \frac{v^2}{2g}\left(1 + \sum \xi_1 + \xi_2 L\right) - \frac{v_0^2}{2g}$$

式中：H——隧洞等进水口底槛高程，m；

h——隧洞进水前水深，m；

h_p——从隧洞出口底槛算起的下游计算水深，当出口实际水深小于洞高时，按 85% 洞高计算；

$\sum \xi_1$——局部水头损失系数总和；

ξ_2——沿程水头损失系数；

v——洞内平均流速，单位为 m/s；

i——隧洞纵向坡降；

L——隧洞长度，m。

下游围堰的设计洪水静水位，可以根据该处的水位—流量关系曲线确定。当泄水建筑物出口较远、河床较陡、水位较低时，也可能不需要下游围堰。

纵向围堰的堰顶高程，要与束窄河段宣泄导流设计流量时的水面曲线相适应。因此，纵向围堰的顶面通常做成倾斜状或阶梯状，其上、下端分别与上、下游围堰同高。

过水围堰的高程应通过技术经济比较确定。从经济角度出发，求出围堰造价与基坑被淹没损失之和，此为最小的围堰高程；从技术角度出发，对修筑一定高度的过水围堰的技术水平作出可行性评价。一般过水围堰堰顶高程按静水位加波浪爬高确定，不再加安全超高。

（五）围堰的防渗、防冲

围堰的防渗和防冲是保证围堰正常工作的关键问题，对土石围堰来说尤为突出。一般土石围堰在流速超过 3.0m/s 时，会发生冲刷现象，尤其在采用分段围堰法导流时，若围堰布置不当，在束窄河床段的进、出口和沿纵向围堰会出现严重的涡流，淘刷围堰及其基础，导致围堰失事。

如前文所述，土石围堰的防渗一般采用斜墙、斜墙接水平铺盖、垂直防渗墙或灌浆帷幕等措施。围堰一般需要在水中修筑，因此，如何保证斜墙和水平铺盖的水下施工质量是一个关键课题。大量工程实践表明，尽管斜墙和水平铺盖的水下施工难度较高，但只要施工方法选择得当是能够保证质量的。

三、截流

施工导流中截断原河道，迫使原河床水流流向预留通道的工程措施称为截流。为了施工需要，有时采用全河段水流截断方式，通过河床外的泄水建筑物把水流导向下游。有时采用河床内分期导流方式，分段把河道截断，水流从束窄的河床或河床内的泄水建筑物导向下游。截流实际上就是在河床中修筑横向围堰的施工。

截流是一项难度比较大的工作，在施工导流中占有重要地位。截流在施工导流中占有重要的地位，如果截流不能按时完成，就会延误整个河床部分建筑物的开工日期；如果截流失败，失去了以水文年计算的良好截流时机，则可能拖延工期达一年。所以在施工导流工程中，常把截流视为影响工程施工全局的一个控制性项目。

截流之所以受到重视，还因为截流本身无论在技术上和施工组织上都具有相当的艰巨性和复杂性。为了成功截流，必须充分掌握河流的水文特性和河床的地形、地质条件，掌握在截流过程中水流的变化规律及其对截流的影响。为了顺利地进行截流，必须在非常狭小的工作面上以相当大的施工强度在较短的时间内进行截流的各项工作，为此必须有极严密的施工组织与措施。特别是大河流的截流工程，事先必须进行缜密的设计和水工模型试验，对截流工作做出充分的论证。此外，在截流开始之前，还必须切实做好器材、设备和组织上的充分准备。

（一）截流的基本方法

1. 平堵截流

平堵截流是沿戗堤轴线的龙口架设浮桥或固定式栈桥，或利用缆机等其他跨河设备，并沿龙口全线均匀抛筑戗堤（抛投料形成的堆筑体），逐渐上升，直至截断水流，戗堤露出水面，如图 4—14 所示。平堵截流方式的水力条件好，但准备工作量大、造价高。

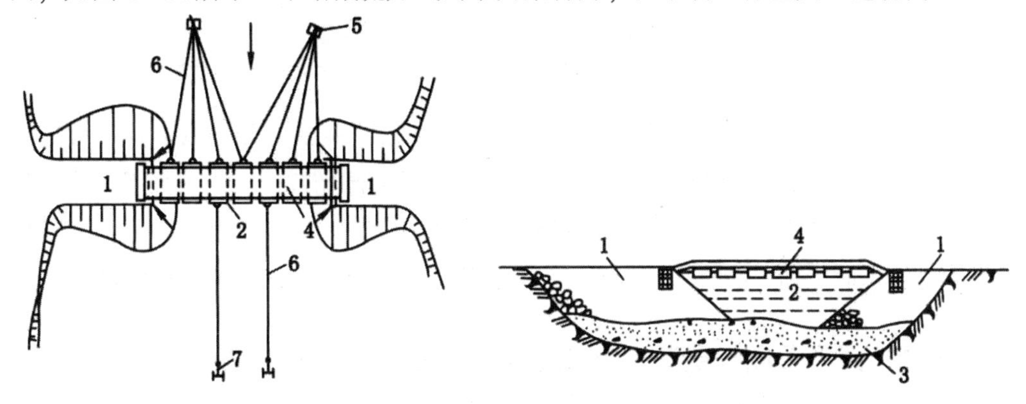

图 4—14　平堵截流

（a）平面图；（b）龙口断面图

1—截流戗堤；2—龙口；3—覆盖层；4—浮桥；5—锚墩；6—钢缆；7—铁锚

2. 立堵截流

立堵截流是由龙口一端向另一端，或由龙口两端向中间抛投截流材料，逐步进占，直至合龙的截流方式，如图 4—15 所示。立堵截流方式无须架设桥梁，准备工作量小，截流前一般不影响通航，抛投技术灵活，造价较低。但龙口束窄后，水流流速分布不均匀，水力条件较平堵差。立堵截流截流量最大的是我国长江三峡水利枢纽，其实测指标为：流量为 11600 ～ 8480 m^3/s，最大流速为 4.22 m/s；抛投的一部分岩块最大重量达 10 t 以上；最大抛投强度为 19.4 万 m^3/d。

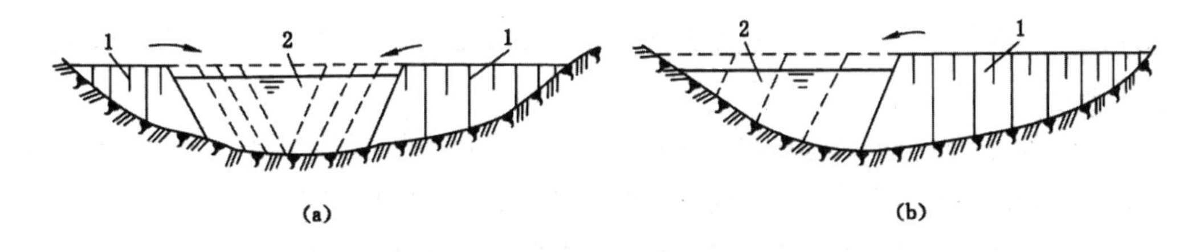

图 4—15　立堵截流

（a）双向进占；（b）单向进占

1—截流戗堤；2—龙口

3. 平立堵截流

平立赌截流是平堵与立堵截流相结合、先平堵后立堵的截流方式。这种方式主要是指先用平堵抛石方式保护河床深厚覆盖层，或在深水河流中先抛石垫高河床以减小水深，再用立堵方式合龙完成截流任务。青铜峡水电站原河床砂砾覆盖层厚 6 ～ 8m，截流施工中，采取平抛块石护底后，立堵合龙。三峡水利枢纽截流时，最大水深达 50m，用平抛块石垫高河深近 40m 后立堵截流成功。

4. 立平堵截流

立平堵截流是立堵截流与平堵截流结合、先立堵后平堵的截流方式。这种截流方式的施工为，先在未设截流栈桥的龙口段用立堵进占，达到预定部位后，再采用平堵截流方式完成合龙任务。其优点是，可以缩短截流桥的长度，节约造价；将截流过程中最困难区段用水力条件相对优越一些的平堵截流来完成，比单独采用立堵法截流的难度要小一些。

（二）截流日期与截流设计流量、龙口位置与宽度及截流材料

1. 截流日期与截流设计流量

选择截流日期，既要把握截流时机，选择最枯流量进行截流，又要为后续的基坑工作和主体建筑物施工留有余地，不至于影响整个工程的施工进度。

在确定截流日期时，应当考虑下述条件：(1) 截流以后，需要继续加高围堰，完成排水、清基、基础处理等大量基坑工作，并应把围堰或永久建筑物在汛期前抢修到拦洪高程以上。为了保证这些工作的完成，截流日期应尽量提前。(2) 在通航的河流上进行截流，截流日期最好选择在对通航影响最小的时期内。因为截流过程中航运必须停止，即使船闸已经修好，但因截流时水位变化较大，也须暂停航运。(3) 在北方有冰凌的河流上，截流不应在流冰期进行。因为冰凌很容易堵塞河床或导流泄水建筑物，壅高上游水位，给截流带来极大的困难。

此外在截流开始前，应修好导流泄水建筑物，并做好过水准备，如消除影响泄水建筑物正常运行的围堰或其他设施，开挖引水渠，完成截流所需的一切材料、设备、交通道路的准备等。

因此，截流日期一般多选在枯水期流量已有显著下降的时段，而不一定选在流量最小的时刻。然而，在截流设计时，根据历史水文资料确定的枯水期和截流流量与截流时的实际水文条件往往有一定出入，必须在实际施工中根据当时的水文气象预报及实际水情分析进行修正，最后确定截流日期。龙口合龙所需的时间往往是很短的，一般从数小时到几天不等。为了估计在此时段内可能会出现的水情，以便制定应对策略，须选择合理的截流设计流量。一般可按工程的重要程度选用截流时期内 5% ～ 10% 频率的旬或月平均流量。如

果水文资料不足，可用短期的水文观测资料或根据条件类似的工程来选择截流设计流量。无论用什么方法确定截流设计流量，都必须根据当时的实际情况和水文气象预报加以修正，按修正后的流量作为指导截流施工的依据，并做好截流的各项准备工作。

2. 龙口位置与宽度

龙口位置的选择与截流工作的顺利与否有密切关系。选择龙口位置时，需要考虑以下技术要求：(1) 一般来说，龙口应设置在河床主流部位，龙口水流力求与主流平顺一致，以使截流过程中河水能顺畅地经龙口下泄。但有时也可以将龙口设置在河滩上，此时，为了使截流时的水流平顺，根据流量大小，应在龙口上下游沿河流流向开挖引渠。龙口设在河滩上时一些准备工作就不必在深水中进行。这对确保施工进度和施工质量均有益处。(2) 龙口应选择在耐冲河床上，以免截流时因流速增大引起过分冲刷。如果龙口段河床覆盖层较薄时则应予以清除。(3) 龙口附近应有较宽阔的场地，以便合理规划并布置截流运输路线及制作、堆放截流材料的场地。

龙口宽度原则上应尽可能窄一些，这样合龙的工程量较小，截流持续时间也会短一些，但以不引起龙口及其下游河床的冲刷为限。为了提高龙口的抗冲能力，减少合龙的工程量，须对龙口加以保护。龙口的防护包括护底和裹头。护底一般采用抛石、沉排、竹笼、柴石枕等。裹头就是用石块、块石铁丝笼、黏土麻袋包或草包、竹笼、柴石枕等把戗堤的端部保护起来，以防被水流冲坍。裹头多用于平堵依堤两端或立堵进占端对面的戗堤。龙口宽度及其防护措施，可根据相应的流量及龙口的抗冲流速来确定。在通航河道上，当截流准备期通航设施尚不能投入运用时，船只仍需在拟截流的龙口通过，这时龙口宽度便不能太窄，流速也不能太大，以免影响航运。

3. 截流材料

截流材料的选择主要取决于截流时可能发生的流速及工地所用开挖、起重、运输等机械设备的能力，一般应尽可能地就地取材。在黄河上，长期以来使用梢料、麻袋、草包、石料、土料等作为堤防溃口的截流堵口材料；在南方，如四川都江堰，则常用卵石竹笼、砾石和梢槎等作为截流堵河分流的主要材料。国内外各大河流截流的实践证明，块石是截流的基本材料。此外，当截流水力条件较差时，还须使用混凝土六面体、四面体、四脚体及钢筋混凝土构架等。

（三）截流水力计算

截流水力计算主要解决两个问题：一是确定截流过程中龙口各水力参数，如单宽流量 q、落差 z 及流速 v 等的变化规律；二是确定截流材料的尺寸或重量。通过水力计算，赶在截流前可以有计划、有目的地准备各种尺寸或重量的截流材料，规划截流现场的场地布置，选择起重及运输设备，而且在截流时，能预先估算出不同龙口宽度的截流参数，以便制定详细的截流施工方案，如抛投截流材料的尺寸、重量、形状、数量及抛投时间和地点等。

在截流过程中，上游来水量，也就是截流设计流量，将分别经由龙口、分水建筑物及戗堤的渗漏下泄，并有一部分拦蓄在水库中。截流过程中，若库容不大，拦蓄在水库中的水量可以忽略不计。对于立堵截流，作为安全因素，也可忽略经由戗堤渗漏的水量。这样，截流时的水量平衡方程式为：

$$Q_0=Q_1+Q_2$$

式中：Q_0——截流设计流量，单位为 m^3/s；

Q_1——分水建筑物的泄流量，单位为 m^3/s；

Q_2——龙口的泄流量（可按宽顶堰计算），单位为 m^3/s。

随着截流戗堤的进占，龙口逐渐被束窄，由于经分水建筑物和龙口的泄流量是变化的，但二者之和恒等于截流设计流量。其变化规律是：截流开始时，截流设计流量的大部分经龙口泄流。随着截流戗堤的逐步进占，龙口断面不断缩小，上游水位不断上升，经由龙口的泄流量越来越小，而经由分水建筑物的泄流量则越来越大。龙口合龙闭气以后截流设计流量全部经由分水建筑物泄流。

为了计算方便，可采用图解法。图解时，先绘制上游水位 Hu 与分水建筑物泄流量 Q_1 和不同龙口宽度 B 的泄流量关系曲线，如图 4—16 所示。在绘制曲线时，下游水位可根据截流设计流量，在下游水位—流量关系曲线上查得。这样在同一上游水位情况下，当分水建筑物泄流量与某宽度龙口泄流量之和为 Q_0 时，即可分别得到 Q_1 和 Q_2。

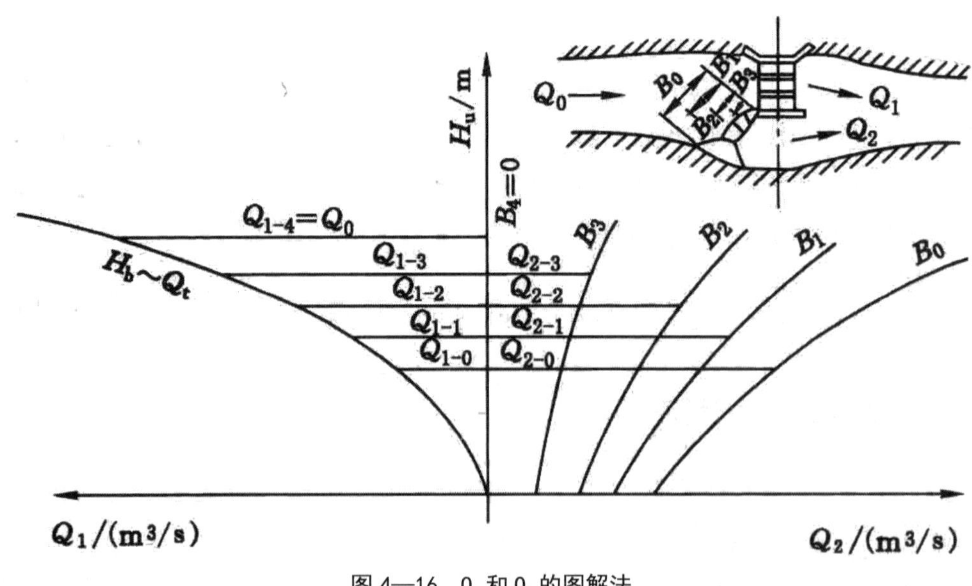

图 4—16　Q_1 和 Q_2 的图解法

由于平堵、立堵截流的水力条件非常复杂，尤其是立堵截流，上述计算只能作为初步依据。在大、中型水利水电工程中，截流工程必须进行模型试验。但模型试验对抛投体的稳定也只能给出定性的分析，还不能满足定量要求。放在试验的基础上，还必须参考类似工程的截流经验，作为修改截流设计的依据。

四、施工度汛

保护跨年度施工的水利工程，在施工期间安全度过汛期而不遭受洪水损害的措施称为“施工度汛”。施工度汛需根据已确定的当年度汛洪水标准，制定度汛规划及技术措施。

（一）施工度汛阶段

水利枢纽在整个施工期间都存在度汛问题，一般分为三个施工度汛阶段：①基坑在围堰保护下进行抽水、开挖、地基处理及坝体修筑，汛期完全靠围堰挡水，叫作“围堰挡水的初期导流度汛阶段”；②随着坝体修筑高度的增加，坝体高于围堰，从坝体可以挡水到临时导流泄水建筑物封堵这一时段，叫作“大坝挡水的中期导流度汛阶段”；③从临时导流泄水建筑物封堵到水利枢纽基本建成，永久建筑物具备设计泄洪能力，工程开始发挥效益这一时段，叫作“施工蓄水期的后期导流度汛阶段”。施工度汛阶段的划分与前面提到的施工导流阶段是完全吻合的。

（二）施工度汛标准

不同的施工度汛阶段有不同的施工度汛标准。根据水文特征、流量过程线特征、围堰类型、永久性建筑物级别、不同施工阶段库容、失事后果及影响等制定施工度汛标准。特别重要的城市或下游有重要工矿企业、交通设施及城镇时，施工度汛标准可适当提高。由于导流泄水建筑物泄洪能力远不及原河道的泄流能力，如果汛期洪水大于建筑物泄洪能力时，必有一部分水量经过水库调节，虽然使下泄流量得到削减，但却抬高了坝体上游水位。确定坝体挡水或拦洪高程时，要根据规定的拦洪标准，通过调洪演算，求得相应最大下泄量及水库最高水位再加上安全超高，便得到当年坝体拦洪高程。

（三）围堰及坝体挡水度汛

由于土石围堰或土石坝一般不允许堰（坝）体过水，因此这类建筑物是施工度汛研究的重点和难点。

1. 围堰挡水度汛

截流后，应严格掌握施工进度，保证围堰在汛前达到拦洪度汛高程。若因围堰土石方量太大，汛前难以达到度汛要求的高程时，则需要采取临时度汛措施，如设计临时挡水度汛断面，并满足安全超高、稳定、防渗及顶部宽度能适应抢险子堰等要求。临时断面的边坡必要时应做适当防护，避免坡面受地表径流冲刷。在堆石围堰中，则可用大块石、钢筋笼、混凝土盖面、喷射混凝土层、顶面和坡面钢筋网以及伸入堰体内水平钢筋系统等加固保护措施过水。若围堰是以后挡水坝体的一部分，则其度汛标准应参照永久建筑物施工过程中的度汛标准，其施工质量应满足坝体填筑质量的要求。长江三峡水利枢纽二期上游横向围堰，深槽处填筑水深达 60 米，最大堰高 82.5 米，上下游围堰土石填筑总量达 1060 万立方米，混凝土防渗墙面积达 9.2 万立方米（深槽处设双排防渗墙），要求在截流后的第一个汛期前全部达到度汛高程有困难，放在围堰上游部位设置临时子堰度汛，并在它的保护下进行第二道混凝土防渗墙的施工。

2. 坝体挡水度汛

水利水电枢纽施工过程中，中、后期的施工导流，往往需要由坝体挡水或拦洪。例如，主体工程为混凝土坝的枢纽中，若采用两段两期围堰法导流，在第二期围堰放弃时，未完建的混凝土建筑物，就不仅要担负宣泄导流设计流量的任务，而且还要起一定的挡水作用。又如主体工程为土坝或堆石坝的枢纽，若采用全段围堰隧洞或明渠导流，则在河床断流以后，常常要求在汛期到来以前，将坝体填筑到拦洪高程，以保证坝身能安全度汛。此时由于主体建筑物已开始投入运用，水库已拦蓄一定水量，此时的导流标与临时建筑物挡水时应有所不同。一般坝体挡水或拦洪时的导流标准，视坝型和拦洪库容的大小而定。

度汛措施一般根据所采用的导流方式、坝体能否溢流及施工强度而定。

当采用全段围堰时，对土石坝采用围堰拦洪，围堰必定很宽而不经济，故应将上游围堰作为坝体的一部分。如果用坝体拦洪而施工强度太大，则可采用度汛临时断面进行施工，如图 4—17 所示。如果采用度汛临时断面仍不能在汛前达到拦洪高程，则需降低溢洪道底槛高程，或开挖临时溢洪道，或增设泄洪隧洞等以降低拦洪水位，也可以将坝基处理和坝体填筑分别在两个枯水期内完成。

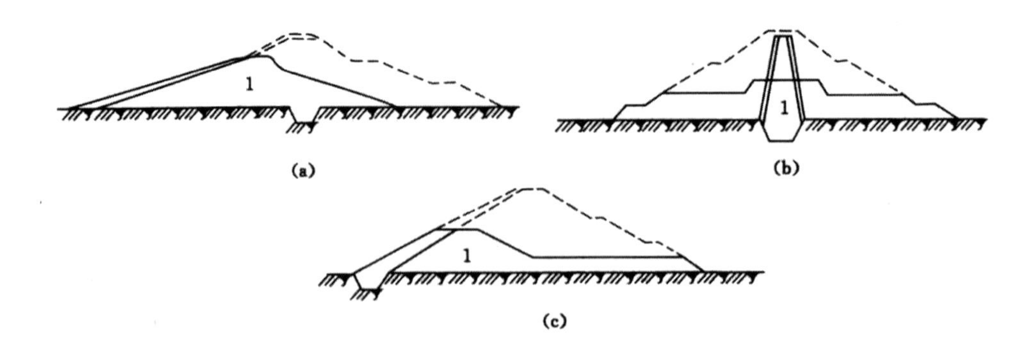

图 4—17　土坝拦洪度汛的临时断面

（a）均质坝；（b）心墙坝；（c）斜墙坝

1—度汛临时断面

对允许溢流的混凝土坝或浆砌石坝，则可采用过水围堰，允许汛期过水而暂停施工，也可在坝体中预留底孔或缺口，坝体的其余部分在汛前修筑到拦洪高程以上，以便汛期继续施工。

当采用分段围堰时，汛期一般仍由原束窄河床泄洪。由于泄流段一般有相当的宽度，因而洪水水位较低，可以用围堰拦洪。如果洪水位较高，难以用围堰拦洪时，对于非溢流坝，施工段坝体应在汛前修筑到洪水位以上，并采取好防洪保护措施。对能溢流的坝则允许坝体过水，或在施工段坝体预留底孔或缺口，以便汛期继续施工。

3. 临时断面挡水度汛应注意的问题

土坝、堆石坝一般是不允许过水的。若坝身在汛期前不可能填筑到拦洪高程时，可以考虑采用降低溢洪道高程、设置临时溢洪道并用临时断面挡水，或经过论证采用临时坝顶保护过水等措施。

采用临时断面挡水时，应注意以下几点：(1) 在拦洪高程以上顶部应有足够的宽度，以便在紧急情况下，仍有余地抢筑子堰，确保安全。(2) 临时断面的边坡应保证稳定，其安全系数一般应不低于正常设计标准。为防止施工期间由于暴雨冲刷和其他原因而坍坡，必要时应采取简单的防护措施和排水措施。(3) 斜罐坝或心墙坝的防渗体一般不允许采用临时断面，以保证防渗体的整体性。(4) 上游垫层和块石护坡应按设计要求筑到拦洪高程，如果不能达到要求，则应考虑临时的防护措施。

为满足临时断面的安全要求，在基础治理完毕后，下游坝体部位应按全断面填筑几米后再收坡，必要时应结合设计的反滤排水设施统一安排考虑。

采用临时坝面过水时，应注意以下几点：(1) 过水坝面下游边坡的稳定是一个关键，应加强保护或做成专门的溢流堰，例如利用反滤体加固后作为过水坝面溢流堰体等，并应注意堰体下游的防冲保护。(2) 靠近岸边的溢流体堰顶高程应适当抬高，以减小坝面单宽流量，减轻水流对岸坡的冲刷。(3) 为了避免过水坝面的冲淤，坝面高程一般应低于溢流罐体顶 0.5 ～ 2.0 米或修筑成反坡式坝面。(4) 根据坝面过流条件合理选择坝面保护形式，防止淤积物渗入坝体，特别应注意防渗体、反滤层等的保护。(5) 必要时上游设置拦污设施，防止漂木、杂物等淤积在坝面上，撞击下游边坡。

五、蓄水计划与封堵技术

在施工后期，当坝体已修筑到拦洪高程以上，能够发挥挡水作用时，其他工程项目如混凝土坝已完成了基础灌浆和坝体纵缝灌浆，库区清理、水库坍岸和渗漏处理已经完成，建筑物质量和闸门设施等也均经检验合格。这时，整个工程就进入了所谓完建期。应根据发电、灌溉及航运等国民经济各部门所提出的综合要求，确定竣工运用日期，有计划地进行导流用临时泄水建筑物的封堵和水库的蓄水工作。

（一）蓄水计划

水库的蓄水与导流用临时泄水建筑物的封堵有密切关系，只有将导流用临时泄水建筑物封堵后，才有可能进行水库蓄水。因此，必须制订一个积极可靠的蓄水计划，这样既能保证发电、灌溉及航运等国民经济各部门所提出的要求得到满足，如期发挥工程效益，又能力争在比较有利的条件下封堵导流用的临时泄水建筑物，使封堵工作得以顺利进行。

水库蓄水解决两个问题，一是制订蓄水历时计划，并据此确定水库开始蓄水的日期，即导流用临时泄水建筑物的封堵日期。水库蓄水历时计划一般按保证率为 75% ～ 85% 的月平均流量过程线来制订。可以根据发电、灌溉及航运等国民经济各部门所提出的运用期限和水位的要求，反推出水库开始蓄水的日期。具体做法是根据各月的来水量减去下游要求的供水量，得出各月份留蓄在水库的水量，将这些水量依次累计，对照水库容积与水位关系曲线，就可绘制水库蓄水高程与历时关系曲线 1（如图 4—18 所示）。二是校核库水位上升过程中大坝施工的安全性，并据此拟订大坝浇筑的控制性进度计划和坝体纵缝灌浆进程。大坝施工安全的校核洪水标准，通常选用二十年一遇的月平均流量。核算时，以导流用临时泄水建筑物的封堵日期为起点，按选定的洪水标准的月平均流量过程线，用顺推法绘制水库蓄水过程线 2（如图 4—18 所示）。曲线 3（如图 4—18 所示）为大坝分月浇筑高程进度线，它应包括曲线 2，否则，应采取措施加快混凝土浇筑进度，或利用坝身永久底孔、溢流坝段、岸坡溢洪道或泄洪隧洞放水，调节并限制库水位上升。

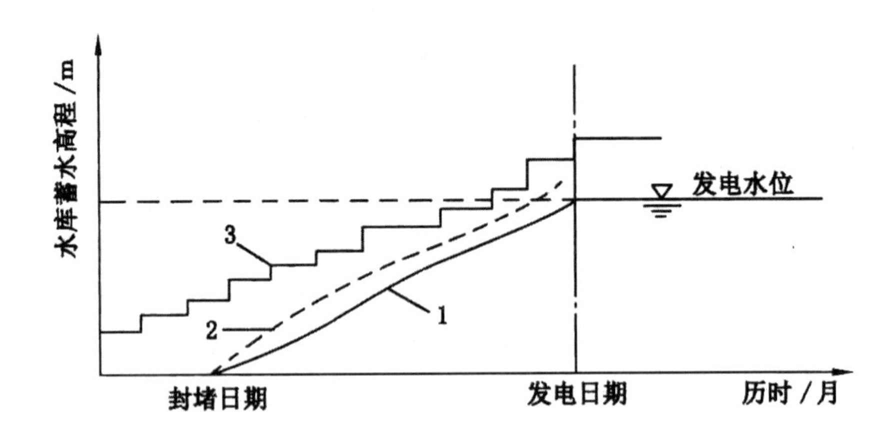

图 4—18　水库蓄水高程与历时关系曲线

1—水库蓄水高程与历时关系曲线；2—导流泄水建筑物封堵后坝体度汛水库蓄水高程与历时关系曲线；3—大坝分月浇筑高程进度线

蓄水计划是施工后期进行施工导流、安排施工进度的主要依据。

（二）封堵技术

导流用临时泄水建筑物封堵下闸的设计流量，应根据河流水文特征及封堵条件，选用封堵期五到十年一遇的月或旬平均流量。封堵工程施工阶段的导流标准，可根据工程的重要性、失事后果等因素在该时段 5% ～ 20% 重现期范围内选取。

导流用的泄水建筑物，如隧洞、涵管及底孔等，若不与永久建筑物相结合，在蓄水时都要进行封堵。由于具体工程施工条件和技术特点不同，封堵方法也多种多样。过去多采用金属闸门或钢筋混凝土叠梁：金属闸门耗费钢材；钢筋混凝土叠梁比较笨重，大都需要用大型起重运输设备，而且还需要一些预埋件，这对争取迅速完成封堵工作不利。近年来，有些工程中也采用了一些简易可行的封堵方法，如利用定向爆破技术快速修筑拟封堵建筑物进口围堰，再浇筑混凝土封堵；或现场浇筑钢筋混凝土闸门；或现场预制钢筋混凝土闸门，再起吊下放封堵；等等。

导流用底孔一般为坝体的一部分，因此，封堵时需要全孔堵死。而导流用的隧洞或涵管则并不需要全洞堵死，常浇筑一定长度的混凝土塞，就足以起到永久挡水的作用。

此外，当导流隧洞的断面面积较大时，混凝土塞的浇筑必须考虑降温措施，不然产生的温度裂缝会影响其止水质量。在堵塞导流底孔时，深水堵漏问题也应予以重视。不少工程在封堵的关键时刻漏水不止，使封堵施工出现紧张和被动的局面。

六、导流方案的选择

一个水利水电工程的施工，从开工到完建往往不是采用单一的导流方法，而是将几种导流方法组合起来使用，以取得最佳的技术经济效益。整个施工期间各个时段导流方式的组合，通常就称为“导流方案”。

（一）导流方案选择

导流方案的选择受各种因素的影响。一个合理的导流方案，必须在周密地研究各种影响因素的基础上拟订几个可能的方案，进行技术经济比较，从中选择技术经济指标优越的方案。

选择导流方案时应考虑以下主要几个因素。

1. 水文条件

河流的流量大小、水位变化的幅度、全年流量的变化情况、枯水期的长短、汛期洪水的延续时间、冬季的流冰及冰冻情况等，均直接影响导流方案的选择。一般来说，对于河床宽、流量大的河流，宜采用分段围堰法导流。对于水位变化幅度大的山区河流，可采用允许基坑淹没的导流方法，在一定时期内通过过水围堰和淹没基坑来宣泄洪峰流量。对于枯水期较长的河流，充分利用枯水期安排工程施工是完全必要的。但对于枯水期不长的河流，如果不利用洪水期进行施工就会拖延工期，对于流冰的河流应充分注意流冰的宣泄问题，以免凌汛期流冰壅塞，影响泄流，造成导流建筑物失事。

2. 地形条件

坝区附近的地形条件，对导流方案的选择影响很大。对于河床宽阔的河流，尤其在施工期间有通航、过筏要求的河道，宜采用分段围堰法导流。当河床中有天然石岛或沙洲时，采用分段围堰法导流有利于导流围堰的布置，尤其利于纵向围堰的布置。

3. 工程地质及水文地质条件

河流两岸及河床的地质条件对导流方案的选择与导流建筑物的布置有直接影响。若河流两岸或一岸岩石坚硬、风化层薄，且有足够的抗压强度时，则有利于选用隧洞导流。如果岩石的风化层厚且破碎，或有较厚的沉积滩地，则适合于采用明渠导流。当采用分段围堰法导流时，由于河床的束窄，减小了过水断面的面积，使水流流速增大。这时，为了使河床不遭受过大的冲刷，避免把围堰基础淘空，应根据河床地质条件来决定河床可能束窄的程度。对于岩石河床，抗冲刷能力较强，河床允许束窄程度较大，甚至可达到 88%，甚至流速增加到 7.5 米 / 秒。但对覆盖层较厚的河床，抗冲刷能力较差，其束窄程度都不到 30%，流速仅允许达到 3.0 米 / 秒。此外选择围堰形式时，基坑是否允许淹没，是否能利用当地材料修筑围堰等，也都与地质条件有关。水文地质条件则对基坑排水工作和围堰形式的选择有很大关系。因此，为了更好地进行导流方案的选择，要对地质和水文地质勘测工作提出专门要求。

4. 水工建筑物的形式及布置

水工建筑物的形式和布置与导流方案相互影响，因此在决定建筑物的形式和枢纽布置时，应该同时考虑并拟订导流方案；而在选定导流方案时，又应该充分利用建筑物形式和枢纽布置方面的特点。如果枢纽组成中有隧洞、渠道、涵管、泄水孔等永久性泄水建筑物，在选择导流方案时应该尽可能加以利用（如图 4—19 所示）。在设计永久性泄水建筑物的断面尺寸并拟订其布置方案时，应该充分考虑施工导流的要求。如果采用分段围堰法修建混凝土坝，应当充分利用水电站与混凝土坝之间或混凝土坝溢流段和非溢流段之间的隔墙作为纵向围堰的一部分，以降低导流建筑物的造价，而且对于第一期工程所修建的混凝土坝，应该核算它是否能够布置二期工程导流构筑物（如底孔、预留缺口等）。

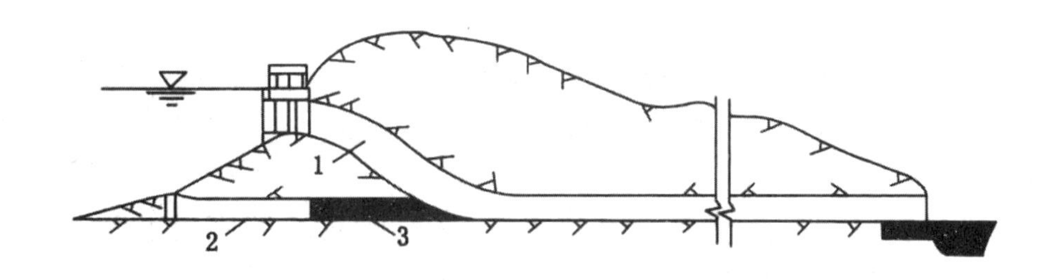

图 4—19　利用永久性隧洞导流

1—永久性隧洞进口段；2—临时导流洞；3—混凝土封堵段

5. 施工期间河流的综合利用

施工期间，为了满足通航、筏运、渔业、供水、灌溉以及水电站运转等需求，导流方案的选择比较复杂。如前文所述，在通航河流上，大都采用分段围堰法导流。要求河流在束窄以后，河宽仍能便于船只的通行，水深、流速等也要满足通航能力的要求，束窄断面的水深应与船只吃水深度相适应，最大流速一般不得超过 2.0 米 / 秒；遇到特殊情况时，还需与当地航运部门协商研究确定。对于浮运木筏或散材的河流，在施工导流期间要避免木材堵塞泄水建筑物的进口，或者壅塞已束窄的河床导流段。在施工中后期，水库拦洪蓄水时，要注意满足下游供水、灌溉用水和水电站运行的要求。有时为了保证渔业需求，还要修建临时过鱼设施，以便鱼群能正常洄游。

6. 施工进度、施工方法及施工场地布置

水利水电工程的施工进度与导流方案密切相关，通常是根据导流方案才能安排控制性施工进度计划。在水利水电枢纽施工导流过程中，对施工进度起控制作用的关键性时段主要有导流建筑物的完工期限、截断河床水流的时间、坝体拦洪的期限、封堵临时泄水建筑物的时间以及水库蓄水发电的时间等。各项工程的施工方法和施工进度直接影响各时段导流工作的正常进行，后续工程也无法正常施工。例如，在修建混凝土坝时，采用分段围堰法施工时，若导流底孔没有建成就不能截断河床水流并全面修建第二期围堰；若坝体没有达到一定高程且未完成基础及坝身纵缝灌浆以前，就不能封堵底孔，水库便无法按计划正常蓄水。因此，施工方法、施工进度与导流方案三者是密切相关的。

此外，施工场地的布置亦影响导流方案的选择。例如，在混凝土坝施工中，当混凝土生产系统布置在河流一岸时，以采用全段围堰法导流为宜；若采用分段围堰法导流，则应以混凝土生产系统所在的一岸作为第一期工程，避免出现跨越两岸的交通运输问题。

除了综合考虑以上各方面因素以外，在选择导流方案时，还应使主体工程尽早发挥效益，以简化导流程序，降低导流费用，使导流建筑物既简单易行，又安全可靠。

（二）控制性施工进度

根据规定的工期和选定的导流方案，施工过程中会要求各项工程在某时期（如截流前、汛前、下闸或底孔封堵前）必须完成或达到某种程度。依此编制的施工进度表就是控制性施工进度。

绘制控制性施工进度表时，首先应按导流方案在图上标出各导流时段的导流方式和几个起控制作用的日期（如截流、拦洪度汛、下闸或封堵导流泄水建筑物等的日期），然后再确定在这些日期之前各项工程应完成的进度，最后经施工强度论证，制定出各项工程实际最佳进度，并绘制在图表中。

第二节　施工现场与基坑排水

一、施工现场排水

1. 大面积场地及地面坡度不大时

（1）在场地平整时，可将低洼地带或可泄水地带平整成缓坡，以便排出地表水。（2）场地四周设排水沟，分段设渗水井，以防止场地积水。

2. 大面积场地及地面坡度较大时

在场地四周设置主排水沟，并在场地范围内设置纵横向排水支沟，也可在下游设集水井，用水泵排出。

3. 大面积场地地面遇有山坡地段时

应在山坡底脚处挖截水沟，使地表水流入截水沟内排出场地外。

4. 施工现场排水具体措施

（1）施工现场应按标准实现现场硬化处理。（2）根据施工总平面图、规划和设计排水方案及设施，利用自然地形确定排水方向，按规定坡度挖好排水沟。（3）设置连续、通畅的排水设施和其他应急设施，防止泥浆、污水、废水外流或堵塞下水道和排水河沟。（4）若施工现场临近高地，应在高地的边缘（现场上侧）挖好截水沟，防止洪水冲入现场。（5）汛期前做好傍山施工现场边缘的危石处理工作，防止发生滑坡、塌方等事故而威胁工地。（6）雨期指定专人负责，及时疏浚排水系统，确保施工现场排水畅通。

基坑排水工作按排水时间及性质，一般可分为：①基坑开挖前的排水，包括基坑积水、基坑积水排除过程中围堰及基坑的渗水和降水的排除；②基坑开挖及建筑物施工过程中的经常性排水，包括围堰和基坑的渗水、降水、地基岩石冲洗及混凝土养护用废水的排除等。

二、基坑

（一）初期排水

基坑积水主要是指围堰闭气后存于基坑内的水体，还要考虑排除积水过程中从围堰及地基渗入基坑的水量和降雨。初期排水的流量是选择水泵数量的主要依据，应根据地质情况、工期长短、施工条件等因素确定。初期排水流量可按下面的公式估算：

$$Q=kV/T$$

式中：Q——初期排水流量，单位为 m^3/s；

V——基坑积水的体积，单位为 m^3；

k——积水系数，考虑了围堰、基坑渗水和可能降雨的因素，对于中小型工程，取 $k=2\sim3$；

T——初期排水时间，单位为 s。

初期排水时间与积水深度和允许的水位下降速度有关。如果水位下降太快，围堰边坡土体的动水压力过大，容易引起坍坡；如水位下降太慢，则影响基坑开挖工期。基坑水位下降的速度一般控制在 0.5 ～ 1.5m/d 为宜。在实际工程中，应综合考虑围堰形式、地基特性及基坑内水深等因素而定。对于土围堰，水位下降速度应小于 0.5m/d。

根据初期排水流量即可确定水泵工作台数，并考虑一定的备用量。水利水电工地常用离心泵或潜水泵。为了运用方便，可选择容量不同的水泵组合使用。水泵站一般布置成固定式或移动式两种，当基坑水深较大时采用移动式。

（二）经常性排水

当基坑积水排除后，立即转入经常性排水。对于经常性排水，主要是计算基坑渗流量，确定水泵工作台数，布置排水系统。

1. 排水系统布置

经常性排水通常采用明式排水，排水系统包括排水干沟、支沟和集水井等。一般情况下，排水系统分为两种情况：一种是基坑开挖中的排水，另一种是建筑物施工过程中的排水。前者是根据土方分层开挖的要求，分次下降水位，通过不断降低排水沟高程，使每一个开挖土层呈干燥状态。排水系统中的排水沟通常布置在基坑中部，以利于两侧出土；当基坑较窄时，将排水干沟布置在基坑上游侧，以利于截断渗水。沿干沟垂直方向设置若干排水支沟。基础范围外布置集水井，井内安设水泵，渗水进入支沟后汇入干沟，再流入集水井，由水泵抽出坑外。后者排水目的是控制水位低于坑底高程，保证施工在干地条件下进行。排水沟通常布置在基坑四周，离开基础轮廓线不小于 0.3 ～ 1.0m。集水井离基坑外缘之距离必须大于集水井深度。排水沟的底坡一般不小于 0.002，底宽不小于 0.3m，沟深干沟为 1.0 ～ 1.5m，支沟为 0.3 ～ 0.5m。集水井的容积应保证当水泵停止运转 10 ～ 15min 井内的水量不致漫溢。井底应低于排水干沟底 1 ～ 2m。

2. 经常性排水流量

经常性排水主要排除基坑和围堰的渗水，还应考虑排水期间的降雨、地基冲洗和混凝土养护弃水等。这里仅介绍渗流量估算方法。

（1）围堰渗流量。

透水地基上均匀土围堰每米堰长渗流量q按水工建筑物均质土坝渗流计算方法来计算。

（2）基坑渗流量。

由于基坑情况复杂，计算结果不一定符合实际情况，应用试抽法确定。近似计算时可采用表 4—2 所列参数。

表 4—2　地基渗流量

[单位：$m^3/(h\cdot m\cdot m^2)$]

地基类别	含有淤泥的黏土	细砂	中砂	粗砂	砂砾石	有裂缝的岩石
渗流量 q	0.1	0.16	0.27	0.3	0.35	0.05 ～ 0.10

降雨量按在抽水时段最大日降水量在当天抽干计算；施工弃水包括基岩冲洗与混凝土养护用水，两种情况不同时发生按实际情况计算。

排水水泵根据流量及扬程选择，并考虑一定的备用量。

（三）人工降低地下水位

在经常性排水中采用明排法，由于多次降低排水沟和集水井高程，变换水泵站位置，不仅影响开挖工作正常进行，还会在细砂、粉砂及砂壤土地基开挖中，因渗透压力过大而引起流砂、滑坡和地基隆起等事故，对开挖工作产生不利影响。采用人工降低地下水位的措施可以克服上述缺点。人工降低地下水位，就是在基坑周围钻井，地下水渗入井中，随即被抽走，使地下水位降至基坑底部以下，整个开挖部分土壤呈干燥状态，开挖条件大为改善。

人工降低地下水位的方法，按排水原理分为管井法和井点法两种。

第三节　施工排水安全防护

一、施工导流

1. 围堰

（1）在施工作业前，对施工人员与作业人员进行安全技术交底，每班召开班前五分钟会议和开展危险预知活动，让作业人员明了施工作业程序和施工过程中存在的危险因素。作业人员在施工过程中，设置专人进行监护，督促人员按要求正确佩戴劳动防护用品，杜绝不规范工作行为的发生。（2）施工作业前，要求对作业人员进行检查，当天身体状态不佳人员以及个人穿戴不规范（未按正确方式佩戴必需的劳保用品）的人员，不得进行作业；对高处作业人员定期进行健康检查，对不适宜高处作业的人员不准进行高处作业。（3）杜绝非专业电工私拉乱扯电线，施工前要认真检查用电线路，发现问题时要有专业电工及时处理。（4）施工设备、车辆由专人驾驶，且从事机械驾驶的操作工人必须进行严格培训，经考核合格后方可持证上岗。（5）施工人员必须熟知本工种的安全操作规程，进入施工现场，必须正确使用个人防护用品，严格遵守"三必须""五不准"，严格执行安全防范措施，不违章操作，不违章指挥，不违反劳动纪律。（6）机械在危险地段作业时，必须设置明显的安全警告标志，并应设专人站在操作人员能看清的地方指挥。驾机人员只能接受指挥人员发出的规定信号。（7）配合机械作业的清底、平地、修坡等辅助工作应与机械作业交替进行。机上、机下人员必须密切配合，协同作业。当必须在机械作业范围内同时进行辅助工作时，应在停止机械运转后，辅助人员方可进入。（8）施工中遇有土体不稳、发生坍塌、水位暴涨、山洪暴发或在爆破警戒区内听到爆破信号的情况时，应立即停工，人机撤至安全地点。当工作场地发生交通堵塞，地面出现陷车（机），机械运行道路发生打滑，防护设施毁坏失效，或工作面不足以保证安全作业时，亦应暂停施工，待恢复正常后方可继续施工。

2. 截流

（1）截流过程中的抛填材料开采、加工、堆放和运输等土建作业安全应符合现行《水利水电工程劳动安全与工业卫生设计规范》《水电水利工程施工通用安全技术规程》《水电水利工程土建施工安全技术规程》《水电水利工程金属结构与机电设备安装安全技术规程》的有关规定。施工作业人员安全应符合《水电水利工程施工作业人员安全技术操作规程》的有关规定。(2) 在截流施工现场，应划出重点安全区域，并设专人警戒。(3) 截流期间，应对工作区域进行交通管制。(4)施工车辆与戗堤边缘的安全距离不应小于2.0米。(5) 施工车辆应进行编号。现场施工作业人员应佩戴安全标识，并穿戴救生衣。

3. 度汛

根据《水利水电工程施工安全管理导则》(SL 721—2015) 规定：(1) 项目法人应根据工程情况和工程度汛需要，组织制定工程度汛方案和超标准洪水应急预案，报有管辖权的防汛指挥机构批准或备案。(2) 度汛方案应包括防汛度汛指挥机构设置，度汛工程形象，汛期施工情况，防汛度汛工作重点，人员、设备、物资准备和安全度汛措施，以及雨情、水情、汛情的获取方式和通信保障方式等内容。防汛度汛指挥机构应由项目法人、监理单位、施工单位、设计单位主要负责人组成。(3) 超标准洪水应急预案应包括超标准洪水可能导致的险情预测、应急抢险指挥机构设置、应急抢险措施应急队伍准备及应急演练等内容。(4) 项目法人应和有关参建单位签订安全度汛目标责任书，明确各参建单位防汛度汛责任。(5) 施工单位应根据批准的度汛方案和超标准洪水应急预案，制订防汛度汛及抢险措施，报项目法人批准，并按批准的措施落实防汛抢险队伍和防汛器材、设备等物资准备工作，做好汛期值班，保证汛情、工情、险情信息渠道畅通。(6) 项目法人在汛前应组织有关参建单位，对生活、办公、施工区域内进行全面检查，对围堰、子堤、人员聚集区等重点防洪度汛部位和有可能诱发山体滑坡、垮塌和泥石流等灾害的区域、施工作业点进行安全评估，制定和落实防范措施。(7) 项目法人应建立汛期值班和检查制度，建立接收和发布气象信息的工作机制，保证汛情、工情、险情信息渠道畅通。(8) 项目法人每年应至少组织一次防汛应急演练。(9) 施工单位应落实汛期值班制度，开展防洪度汛专项安全活动，检查并及时整改发现的问题。

4. 蓄水

《水利水电工程施工安全防护设施技术规范》(SL 714—2015) 规定蓄水池的布设应符合以下要求：(1) 基础稳固；(2) 墙体牢固，不漏水；(3) 有良好的排污清理设施；(4) 在寒冷地区应有防冻措施；(5) 水池上有人行通道并设安全防护装置；(6) 生活专用水池须加设防污染顶盖。

二、施工现场排水

(1) 施工区域排水系统应进行规划设计，并应按照工程规模、排水时段等，以及工程所在地的气象、地形、地质、降水量等情况，确定相应的设计标准，作为施工排水规划设计的基本依据。(2) 应考虑施工场地的排水量、外界的渗水量和降水量，配备相应的排水设施和备用设备。施工排水系统的设备、设施等安装完成后，应分别按相关规定逐一进行检查验收，合格后方可投入使用。(3) 排水系统设备供电应有独立的动力电源（尤其是洞内排水），必要时应有备用电源。(4) 排水系统的电气、机械设备应定期进行检查维护、保养。排水沟、集水井等设施应经常进行清淤与维护，排水系统应保持畅通。(5) 在现场周围地段应修设临时或永久性排水沟、防洪沟或挡水堤，山坡地段应在坡顶或坡脚设环形防洪沟或截水沟，以拦截附近坡面的雨水、潜水，防止排入施工区域内。(6) 现场内外原有自然排水系统尽可能保留或适当加以整修、疏导、改造或根据需要增设少量排水沟，以利于排泄现场积水、雨水和地表滞水。(7) 在有条件时，尽可能利用正式工程排水系统为施工服务，先修建正式工程主干排水设施和管网，以方便排除地面滞水和地表滞水。(8) 现场道路应在两侧设排水沟，支道两侧应设小排水沟，沟底坡度一般为 2% ～ 8%，保持场地排水和道路畅通。(9) 土方开挖应在地表流水的上游一侧设排水沟，散水沟和截水挡土堤将地表滞水截住；在低洼地段挖基坑时，可利用挖出之土沿四周或迎水一侧、两侧筑 0.5 ～ 0.8m 高的土堤截水。(10) 大面积地表水，可采取在施工范围区段内挖深排水沟、工程范围内再设纵横排水支沟，将水流疏干，再在低洼地段设集水、排水设施，将水排走。(11) 在可能滑坡的地段，应在该地段外设置多道环形截水沟，以拦截附近的地表水，修设和疏通坡脚的原排水沟，疏导地表水，处理好该区域内的生活和工程用水，阻止渗入该地段。(12) 湿陷性黄土地区，现场应设有临时或永久性的排洪防水设施，以防止基坑受水浸泡，造成地基下陷。施工用水、废水应设有临时排水管道；贮水构筑物、灰地、防洪沟、排水沟等应有防止漏水措施，并与建筑物保持一定的安全距离。安全距离：一般在非自重湿陷性黄土地区应不小于 12m，在自重湿陷性黄土地区不小于 20m，对自重湿陷性黄土地区在 25m 以内不应设有集水井。材料设备的堆放不得阻碍雨水排泄。需要浇水的建筑材料，宜堆放在距基坑 5m 以外处，并严防水流入基坑内。

三、基坑排水

1. 排水注意事项

(1) 雨季施工中，地面水不得渗漏和流入基坑，遇大雨或暴雨时及时将基坑内的积水排除。(2) 基坑在开挖过程中，沿基坑壁四周做临时排水沟和集水坑，将水泵置于集水坑内抽水。(3) 尽量减少晾槽时间，开挖和基础施作工序紧密联结。(4) 遇到降雨天气，基坑两侧边坡用塑料布苫盖，防止雨水冲刷。(5) 鉴于地表积水，同时施工过程中也可能出现严重的地表积水，因此，进场后根据现场地形修筑挡水设施修建排水系统，以确保排水渠道畅通。

2. 开挖排水沟、集水管施工过程中的几点注意事项

（1）水利工程整体优先。

排水沟和集水管的设计不用干扰水利工程的整体施工，一定要有坡度，以便集水，水沟的宽度和深度均要与排水量相适应，出于排水的考虑，基坑的开挖范围应当适当扩大。

（2）水泵安排有讲究。

水利工程建成后，要根据抽水的数据结果来选择适当的排水泵，一味使用大泵并不一定都好，因为其抽出水量超过其正常的排出水量，其流速过大会抽出大量砂石，并且管壁之间要有过滤器，在管井正常抽水时，其水位不能超过第一个取水含水层的过滤器，以免过滤管的缠丝因氧化、坏损而导致涌沙。

（3）防备特殊情况，以备不时之需。

基坑排水任务重，排水要求高，必须准备一些备用的水泵和动力设备，以便在突发地质灾害如暴雨或机器出故障时能立即补救。有条件的地区还可以采用电力发动水泵，但是供电要及时，还要保证特殊情况发生时机器设备都能及时撤出，以免损失扩大。

因此，基坑排水工作的科学方案能保证一个水利工程的稳固，并为其施工提供良好的基础条件，妥善处理好基坑的排水问题，可谓根基问题。排水系统的科学设计，能够保证地基不受破坏，也能增强地基的承载能力，从长远意义上讲更可以减少水利工程的整体开支，如果基坑排水问题处理不当，会给水利工程的运行带来巨大的安全隐患，增加了将来对水利工程的维护成本，也降低了水利工程的质量。

第四节　施工排水人员安全操作

（1）水泵作业人员应经过专业培训，并经考试合格后方可上岗操作。

（2）安装水泵以前，应仔细检查水泵，水管内应无杂物。

（3）吸水管管口应用莲蓬头，在有杂草与污泥的情况下，应外加护罩滤网。

（4）安装水泵前应估计可能的最低水位，水泵吸水高度不超过 6 米。

（5）安装水泵宜在平整的场地，不得直接在水中作业。

（6）安装好的水泵应用绳索固定拖放或用其他机械放至指定吸水点，不宜由人直接下水搬运。

（7）开机前的检查准备工作：

①原动机运转方向与水泵符合；

②检查轴承中的润滑油油量、油位、油质是否符合规定，如油色发黑应换新油；

③打开吸水管阀门，检查填料压盖的松紧是否合适；

④检查水泵转向是否正确；

⑤检查联轴器的同心度和间隙，用手转动皮带轮和联轴器，其转动是否灵活无杂声；

⑥检查水泵及电动机周围是否无杂物妨碍运转；

⑦检查电气设备是否正常；

（8）正常运行应遵守下列规定：

①运转人员应戴好绝缘手套、穿绝缘鞋才能操作电气开关；

②开机后，应立即打开出水阀门，并注意观察各种仪表情况，直至达到需要的流量；

③运转中应做到四勤：勤看（看电流表、电压表、真空表、水压表等）、勤听、勤检查、勤保养；

④经常检查水泵填料处，不得有异常发热、滴水现象；

⑤经常检查轴承和电动机外壳，温升应正常；

⑥在运转中如水泵各部位有漏水、漏气、出水不正常、盘根和轴承发热的情况，以及发现声音、温度、流量等不正常时，应立即停机检查。

（9）停机应遵守下列规定：

①停机前应先关闭出水阀门，再行停机；

②切断电源，将闸箱上锁，把吸水阀打开，使水泵和水箱的存水放出，然后把机械表面的水、油渍擦干净；

③如在运行中突然停机，应立即关闭水阀和切断电源，找出原因并处理后方可开机。

第五章　水利水电工程施工安全管理

第一节　水利水电工程施工安全含义

一、安全管理概念

安全生产是指生产过程处于避免人身伤害、设备损坏及其他不可接受的损害风险（危险）的状态。不可接受的损害风险（危险）是指超出了法律、法规和规章的要求，超出了方针、目标和企业规定的其他要求，超出了人们普遍接受的要求。建筑工程安全生产管理是指建设行政主管部门、建筑安全监督管理机构、建筑施工企业及有关单位对建筑安全生产过程中的安全工作，进行计划、组织、指挥、控制、监督、调节和改进等一系列致力于满足生产安全的管理活动。

（一）建筑工程安全生产管理的特点

1. 安全生产管理涉及面广、涉及单位多

由于建筑工程规模大，生产工艺复杂、工序多，在建造过程中流动作业多、高处作业多、作业位置多变、遇到不确定因素多，所以安全管理工作涉及范围大、控制面广。安全管理不仅是施工单位的责任，还包括建设单位、勘察设计单位、监理单位，这些单位也要为安全管理承担相应的责任和义务。

2. 安全生产管理动态性

①由于建筑工程项目的单件性，使得每项工程所处的条件不同，所面临的危险因素和防范也会有所改变；②工程项目的分散性。

施工人员在施工过程中，分散于施工现场的各个部位，当他们面对各种具体的生产问题时，一般依靠自己的经验和知识进行判断并做出决定，从而增加了施工过程中由不安全行为而导致事故的风险。

3. 安全生产管理的交叉性

建筑工程项目是开放系统，受自然环境和社会环境影响很大，安全生产管理需要把工程系统和环境系统及社会系统相结合。

4. 安全生产管理的严谨性

安全状态具有触发性，安全管理措施必须严谨，一旦失控就会造成损失和伤害。

（二）建筑工程安全生产管理的方针

“安全第一”是建筑工程安全生产管理的原则和目标，“预防为主”是实现安全第一的最重要的手段。

（三）建筑工程安全管理的原则

1.“管生产必须管安全”的原则

一切从事生产、经营的单位和管理部门都必须管安全，全面开展安全工作。

2.“安全具有否决权”的原则

安全管理工作是衡量企业经营管理工作好坏的一项基本内容，在对企业进行各项指标考核时，必须首先考虑安全指标的完成情况。安全生产指标具有“一票否决”的作用。

3. 职业安全卫生“三同时”的原则

“三同时”指建筑工程项目其劳动安全卫生设施必须符合国家规范规定的标准，必须与主体工程同时设计、同时施工、同时投入生产和使用。

（四）事故处理“四不放过”的原则

①事故原因分析不清不放过；②事故责任者和群众没有受到教育不放过；③没有采取防范措施不放过；④事故责任者没有受到处理不放过。

（五）安全生产管理体制

当前，我国的安全生产管理体制是“企业负责、行业管理、国家监察和群众监督、劳动者遵章守法”。

（六）安全生产责任制度

安全生产责任制度是建筑生产中最基本的安全管理制度，是所有安全规章制度的核心。安全生产责任制度是指将各种不同的安全责任落实到具体安全管理的人员和具体岗位人员身上的一种制度。这一制度是“安全第一、预防为主”的具体体现，是建筑安全生产的基本制度。

（七）安全生产目标管理

安全生产目标管理就是根据建筑施工企业的总体规划要求，制定出在一定时期内安全生产方面所要达到的预期目标并组织实现此目标。其基本内容是：确定目标、目标分解、执行目标、检查总结。

（八）施工组织设计

施工组织设计是组织建设工程施工的纲领性文件，是指导施工准备和组织施工的全面性的技术、经济文件，是指导现场施工的规范性文件。施工组织设计必须在施工准备阶段完成。

（九）安全技术措施

安全技术措施是指为防止工伤事故和职业病的危害，从技术上采取的措施。在工程施工中，是指针对工程特点、环境条件、劳力组织、作业方法、施工机械、供电设施等制定的确保安全施工的措施。

安全技术措施也是建设工程项目管理实施规划或施工组织设计的重要组成部分。

（十）安全技术交底

安全技术交底是落实安全技术措施及安全管理事项的重要手段之一。重大安全技术措施及重要部位的安全技术由公司负责人向项目经理部技术负责人进行书面的安全技术交底；一般安全技术措施及施工现场应注意的安全事项由项目经理部技术负责人向施工作业班组、作业人员做出详细说明，并经双方签字认可。

（十一）安全教育

安全教育是实现安全生产的一项重要基础工作，它可以提高职工搞好安全生产的自觉性、积极性和创造性，增强安全意识，掌握安全知识，提高职工的自我防护能力，使安全规章制度得到贯彻执行。安全教育培训的主要内容有：安全生产思想、安全知识、安全技能、安全操作规程标准、安全法规、劳动保护和典型事例。

（十二）班组安全活动

班组安全活动是指在上班前由班组长组织并主持，根据本班目前工作内容，重点介绍安全注意事项、安全操作要点，以达到组员在班前掌握安全操作要领、提高安全防范意识、减少事故发生的活动。

（十三）特种作业

特种作业是指在劳动过程中容易发生伤亡事故，对操作者本人，尤其对他人和周围设施的安全有重大危害因素的作业。直接从事特种作业者称“特种作业人员”。

（十四）安全检查

安全检查是指建设行政主管部门、施工企业安全生产管理部门或项目经理，对施工企业和工程项目经理部贯彻国家安全生产法律法规的情况、安全生产情况、劳动条件、事故隐患等进行的检查。

（十五）安全事故

安全事故是在人们所进行有目的的活动中，发生了违背人们意愿的不幸事件，使其有目的的行动暂时或永久停止。重大安全事故是指在施工过程中由于责任过失造成工程倒塌或废弃、机械设备破坏和安全设施失当造成人身伤亡或者重大经济损失的事故。

（十六）安全评价

安全评价是采用系统科学方法，辨别和分析系统存在的危险性并根据其形成事故的风险大小，采取相应的安全措施，以达到系统安全的过程。安全评价的基本内容有识别危险源、评价风险、采取措施，直到达到安全目标。

（十七）安全标志

安全标志由安全色、几何图形符号构成，以此表达特定的安全信息。其目的是引起人们对不安全因素的注意，预防事故的发生。安全标志分为禁止标志、警告标志、指令标志、提示性标志四类。

二、工程施工特点

建筑业的生产活动危险性大，不安全因素多，是事故多发行业。建筑施工的特点主要是：（1）工程建设最大的特点就是产品固定，这是它不同于其他行业的根本点，建筑产品是固定的，体积大、生产周期长。建筑物一旦施工完毕就固定了，生产活动都是围绕着建筑物、构筑物来进行的，有限的场地上集中了大量的人员、建筑材料、设备零部件和施工机具等，这样的情况可以持续几个月或一年，有的甚至需要七八年，工程才能完成。(2)高处作业多，工人常年在室外操作。一栋建筑物从基础、主体结构到屋面工程、室外装修等，露天作业约占整个工程的70%。工作条件差，且受到气候条件多变的影响。(3) 手工操作多，繁重的劳动消耗大量体力。建筑业是劳动密集型的传统行业之一，大多数工种需要手工操作。(4) 现场变化大。每栋建筑物从基础、主体到装修，每道工序都不同，不安全因素也就不同，即使同一工序由于施工工艺和施工方法不同，生产过程也不同。而随着工程进度的推进，施工现场的施工状况和不安全因素也随之变化。为了完成施工任务，要采取很多临时性措施。

建筑施工复杂，加上流动分散、工期不固定，比较容易形成临时观念，不采取可靠的安全防护措施，存在侥幸心理，伤亡事故必然频繁发生。

第二节　水利水电工程施工安全因素

事故潜在的不安全因素是造成人的伤害、物的损失事故的先决条件，各种人身伤害事故均离不开物与人这两个因素。人的不安全行为和物的不安全状态，是造成绝大部分事故的两个方面潜在的不安全因素，通常也可称作“事故隐患”。

一、安全因素特点

安全是在人类生产过程中，将系统的运行状态对人类的生命、财产、环境可能产生的损害控制在人类能接受水平以下的状态。安全因素的定义就是在某一指定范围内与安全有关的因素。水利水电工程施工安全因素有以下特点：(1) 安全因素的确定取决于所选的分析范围，此处的分析范围可以指整个工程，也可以针对具体工程的某一施工过程或者某一部分的施工，例如围堰施工、升船机施工等。(2) 安全因素的辨识依赖于对施工内容的了解，对工程危险源的分析以及运作安全风险评价的人员的安全工作经验。(3) 安全因素具有针对性，并不是对于整个系统事无巨细的考虑，安全因素的选取具有一定的代表性和概括性。(4) 安全因素具有灵活性，只要能对所分析的内容具有一定概括性，能达到系统分析效果的，都可成为安全因素。(5) 安全因素是进行安全风险评价的关键点，是构成评价系统框架的节点。

二、安全因素辨识过程

安全因素是进行风险评价的基础，人们在辨识出的安全因素的基础上进行风险评价框架的构建。在进行水利水电工程施工安全因素的辨识时，首先对工程施工内容和施工危险源进行分析和了解，在危险源的认知基础上，以整个工程为分析范围，从管理、施工人员、材料、危险控制等各个方面结合以往的安全工作经验分析危险，进行安全因素的辨识。

宏观安全因素辨识工作需要收集以下资料

（一）工程所在区域状况

(1) 本地区有无地震、洪水、浓雾、暴雨、雪害、龙卷风及特殊低温等自然灾害？(2) 工程施工期间如发生火药爆炸、油库火灾爆炸等对邻近地区有何影响？(3) 工程施工过程中如发生大范围滑坡、塌方及其他意外情况对行船、导流、行车等有无影响？(4) 附近有无易燃、易爆、毒物泄漏等危险源，对本区域的影响如何？是否存在其他类型的危险源？(5) 工程过程中排土、排渣是否会形成公害或对本工程及友邻工程进行产生不良影响？(6) 公用设施如供水、供电等设施是否充足？重要设施有无备用电源？(7) 本地区消防设备和人员是否充足？(8) 本地区医院、救护车及救护人员等配置是否适当？有无现场紧急抢救措施？

（二）安全管理情况

(1) 安全机构、安全人员设置满足安全生产要求与否？(2) 怎样进行安全管理的计划、组织协调、检查、控制工作？(3) 对施工队伍中各类用工人员是否实行了安全一体化管理？(4) 有无安全考评及奖罚方面的措施？(5) 如何进行事故处理？同类事故发生情况如何？(6) 隐患整改如何？(7) 是否制定了切实有效且操作性强的防灾计划？领导是否经常过问？关键性设备、设施是否定期进行试验、维护？(8) 整个施工过程是否制定了完善的操作规程和岗位责任制？实施状况如何？(9) 程序性强的作业（如起吊作业）及关键性作业（如停送电、放炮）是否实行标准化作业？(10) 是否进行在线安全训练？职工是否掌握必备的安全抢救常识和紧急避险、互救知识？

（三）施工措施安全情况

(1) 是否设置了明显的工程界限标识？(2) 有可能发生塌陷、滑坡、爆破飞石、吊物坠落等的危险场所是否标定合适的安全范围并设有警示标志或信号？(3) 友邻工程施工中在安全上相互影响的问题是如何解决的？(4) 特殊危险作业是否规定了严格的安全措施？能强制实施否？(5) 可能发生车辆伤害的路段是否设有合适的安全标志？(6) 作业场所的通道是否良好？是否有滑倒、摔伤的危险？(7) 所有用电设施是否按要求接地、接零？人员可能触及的带电部位是否采取了有效的保护措施？（8）可能遭受雷击的场所是否采取了必要的防雷措施？（9）作业场所的照明、噪声、有毒有害气体浓度是否符合安全要求？（10）所使用的设备、设施、工具、附件、材料是否具有危险性？是否定期进行检查确认？有无检查记录？（11）作业场所是否存在冒顶片帮或坠井、掩埋的危险性？曾经采取了何等措施？（12）登高作业是否采取了必要的安全措施（可靠的跳板、护栏、安全带等）？（13）防水、排水设施是否符合安全要求？（14）劳动防护用品是否适应作业要求之情况，发放数量、质量、更换周期满足要求与否？

（四）油库、炸药库等易燃、易爆危险品

（1）是否标识危险品名称、数量、设计最大存放量？（2）危险品化学性质及其燃点、闪点、爆炸极限、毒性、腐蚀性等了解与否？（3）危险品存放方式如何（是否根据其用途及特性分开存放）？（4）危险品与其他设备、设施等之间的距离、爆破器材分放点之间是否有殉爆的可能性？（5）存放场所的照明及电气设施的防爆、防雷、防静电情况如何？（6）存放场所的防火设施是否配置消防通道？有无烟、火自动检测报警装置？（7）存放危险品的场所是否有专人24小时值班，有无具体岗位责任制和危险品管理制度？（8）危险品的运输、装卸、领用、加工、检验、销毁是否严格按照安全规定进行？（9）针对危险品运输，管理人员是否掌握火灾、爆炸等危险状况下的避险、自救、互救的知识？是否定期进行必要的训练？

（五）起重运输大型作业机械情况

（1）运输线路里程、路面结构、平交路口、防滑措施等情况如何？（2）指挥、信号系统情况如何？信息通道是否存在干扰？（3）人—机系统匹配有何问题？（4）设备检查、维护制度和执行情况如何？是否实行各层次的检查？周期多长？是否实行定期计划维修？周期多长？（5）司机是否经过作业适应性检查？（6）过去事故情况如何？

以上这些因素均是进行施工安全风险因素识别时需要考虑的主要因素。实际工程中需考虑的因素可能比上述因素还要多。

三、施工过程行为因素

（一）企业组织影响

企业（包括水电开发企业、施工承包单位、监理单位）组织层的差错属于最高级别的差错，它的影响通常是间接的、隐性的，因而经常会被安全管理人员忽视。在进行事故分析时，很难挖掘起企业组织层的缺陷；而一经发现，其改正的代价也很高，但是却更能加

强系统的安全。一般而言，组织影响包括以下三个方面，

1. 资源管理

资源管理主要指组织资源分配及维护决策存在的问题，如安全组织体系不完善、安全管理人员配备不足、资金和设施等管理不当、过度削减与安全相关的经费（安全投入不足）等。

2. 安全文化与氛围

安全文化与氛围可以定义为影响管理人员与作业人员绩效的多种变量，包括组织文化和政策，比如信息流通传递不畅、企业政策不公平、只奖不罚或滥奖、过于强调惩罚等具体方面。

3. 组织流程

组织流程主要涉及组织经营过程中的行政决定和流程安排，如施工组织设计不完善、企业安全管理程序存在缺陷、制定的某些规章制度及标准不完善等。

其中，“安全文化与氛围”这一因素，虽然在提高安全绩效方面具有积极作用，但不好定性衡量，在事故案例报告中也未明确指明，而且在工程施工各类人员成分复杂的结构当中，其传播较难有一个清晰的脉络。为了简化分析过程，将该因素去除。

（二）安全监管

1. 监督（培训）不充分

监督（培训）不充分指监督者或组织者没有提供专业的指导、培训、监督等。若组织者没有提供充足的 CRM 培训，或某个管理人员、作业人员没有这样的培训机会，则班组协同合作能力将会大受影响，出现差错的概率必然增加。

2. 作业计划不适当

作业计划不适当包括这样几种情况，班组人员配备不当，如没有职工带班，没有提供足够的休息时间，任务或工作负荷过量。整个班组的施工节奏以及作业安排由于赶工期等原因安排不当，会使作业风险加大。

3. 隐患未整改

隐患未整改指的是管理者知道人员、培训、施工设施、环境等相关安全领域存在的不足或隐患之后，仍然允许其持续下去的情况。

4. 管理违规

管理违规指的是管理者或监督者有意违反现有的规章程序或安全操作规程，如允许没有资格、未取得相关特种作业证的人员作业等。

以上四项因素在事故案例报告中均有体现，虽然相互之间有关联，但各有差异、彼此独立，因此均加以保留。

（三）不安全行为的前提条件

这一层级指出了直接导致不安全行为发生的主客观条件，包括作业人员状态、环境因素和人员因素。将“物理环境”改为“作业环境”、“施工人员资源管理”改为“班组管理”、“人员准备情况”改为“人员素质”。定义如下。

1. 作业环境

作业环境既指操作环境（如气象、高度、地形等），也指施工人员周围的环境，如作业部位的高温、振动、照明、有害气体等。

2. 技术措施

技术措施包括安全防护措施、安全设备和设施设计、安全技术交底的情况，以及作业程序指导书与施工安全技术方案等一系列情况。

3. 班组管理

班组管理属于人员因素，常为许多不安全行为的产生创造前提条件。未认真开展“班前会”及搞好“预知危险活动”；在施工作业过程中，安全管理人员、技术人员、施工人员等相互间信息沟通不畅、缺乏团队合作等问题属于班组管理不良。

4. 人员素质

人员素质包括体力（精力）差、不良心理状态与不良生理状态等生理心理素质，如精神疲劳、失去情境意识、工作中自满、安全警惕性差等属于不良心理状态；生病、身体疲劳或服用药物等引起生理状态差，当操作要求超出个人能力范围时会出现身体、智力局限，同时为安全埋下隐患，如视觉局限、休息时间不足、体能不适应等；以及没有遵守施工人员的休息要求、培训不足、滥用药物等属于个人准备情况不足。

（四）施工人员的不安全行为

人的不安全行为是系统存在问题的直接表现。这种不安全行为分成三类：知觉与决策差错、技能差错以及操作违规。

1. 知觉与决策差错

“知觉差错”和“决策差错”通常是并发的，由于对外界条件、环境因素以及施工器械状况等现场因素感知上产生的失误，进而导致做出错误的决定。决策差错指由于经验不足、缺乏训练或外界压力等造成，也可能由于理解问题不彻底，如紧急情况判断错误、决策失败等。知觉差错指一个人的感知觉和实际情况不一致，就像出现视觉错觉和空间定向障碍一样，可能是由于工作场所光线不足，或在不利地质、气象条件下作业等。

2. 技能差错

技能差错包括漏掉程序步骤、作业技术差、作业时注意力分配不当等。技能差错不依赖于所处的环境，而是由施工人员的培训水平决定，而在操作当中不可避免地发生，因此应该作为独立的因素保留。

3. 操作违规

故意或者主观不遵守确保安全作业的规章制度，分为习惯性的违章和偶然性的违规。前者是组织或管理人员常常能容忍和默许的，常造成施工人员习惯成自然。而后者是偏离规章或施工人员通常的行为模式，一般会被立即禁止。

在实际的工程施工事故分析以及制定事故防范与整改措施的过程中，通常会成立事故调查组对某一类原因，比如施工人员的不安全行为进行调查，给出处理意见及建议。

采用统计性描述，揭示不良的企业组织影响如何通过组织流程等因素向下传递造成安全监管的失误，安全监管的错误决定了安全检查与培训等力度，决定了是否严格执行安全管理规章制度等，决定了对隐患是否漠视等，这些错误造成了不安全行为的前提条件，进一步影响了施工人员的工作状态，最终导致事故的发生。进行统计学分析的目的是为了提供邻近层次的不同种类之间因素的概率数据，以用来确定框架当中高层次对底层次因素的影响程度。一旦确定了自上而下的主要途径，就可以量化因素之间的相互作用，也有利于制定针对性的安全防范措施与整改措施。

第三节　水利水电工程安全管理体系

一、安全管理体系内容

（一）建立健全安全生产责任制

安全生产责任制是安全管理的核心，是保障安全生产的重要手段，它能有效地预防事故的发生。

安全生产责任制是根据“管生产必须管安全”“安全生产人人有责”的原则，明确各级领导和各职能部门及各类人员在生产活动中应负的安全职责的制度。有些安全生产责任制，就能把安全与生产从组织形式上统一起来，把“管生产必须管安全”的原则从制度上固定下来，从而增强了各级管理人员的安全责任心，使安全管理纵向到底、横向到边、专管成线、群管成网、责任明确、协调配合、共同努力，真正把安全生产工作落到实处。

安全生产责任制的内容要分级制定和细化，如企业、项目、班组都应建立各级安全生产责任制，按其职责分工确定各自的安全责任，并组织实施和考评，保证安全生产责任制的落实。

（二）制定安全教育制度

安全教育制度是企业对职工进行安全法律、法规、规范、标准、安全知识和操作规程培训教育的制度，是提高职工安全意识的重要手段，是企业安全管理的一项重要内容。

安全教育制度内容应规定：定期和不定期安全教育的时间、应接受教育的人员、教育的内容和形式，如新工人、外施队人员等进场前必须接受三级（公司、项目、班组）安全教育。从事危险性较大的特殊工种的人员必须经过专门的培训机构培训合格后方可持证上岗，每年还必须进行一次安全操作规程的训练和再教育。对采用新工艺、新设备、新技术和变换工种的人员应进行安全操作规程和安全知识的培训和教育。

（三）制定安全检查制度

安全检查是发现隐患、消除隐患、防止事故、改善劳动条件和环境的重要措施，是企业预防安全生产事故的一项重要手段。

安全检查制度内容应规定：安全检查负责人、检查时间、检查内容和检查方式。它包括经常性的检查、专业化的检查、季节性的检查和专项性的检查以及群众性的检查等。对于检查出的隐患应进行登记，并采取定人、定时间、定措施的“三定”办法给予解决，同时对整改情况进行复查验收，彻底消除隐患。

（四）制定各工种安全操作规程

工种安全操作规程是消除和控制劳动过程中的不安全行为、预防伤亡事故、确保作业人员的安全和健康需要的措施，也是企业安全管理的重要制度之一。

安全操作规程的内容应根据国家和行业安全生产法律、法规、标准、规范，结合施工现场的实际情况制定出各种安全操作规程；同时根据现场使用的新工艺、新设备、新技术，制定出相应的安全操作规程，并监督其实施。

（五）制定安全生产奖罚办法

企业制定安全生产奖罚办法的目的是不断提高劳动者进行安全生产的自觉性，调动劳动者的积极性和创造性，防止和纠正违反法律法规和劳动纪律的行为，也是企业安全管理重要制度之一。

安全生产奖罚办法规定奖罚的目的、条件、种类、数额、实施程序等。企业只有建立安全生产奖罚办法，做到有奖有罚、奖罚分明，才能鼓励先进、督促落后。

（六）制定施工现场安全管理规定

施工现场安全管理规定是施工现场安全管理制度的基础，目的是规范施工现场安全防护设施的标准化、定型化。

施工现场安全管理规定的内容包括：施工现场一般安全规定、安全技术管理、脚手架（包括特殊脚手架、工具式脚手架等）工程安全管理、电梯井操作平台安全管理、马路搭设安全管理、大模板拆装存放安全管理、水平安全网、井字架龙门架安全管理、孔洞临边防护安全管理、拆除工程安全管理等。

（七）制定机械设备安全管理制度

机械设备是指目前建筑施工普遍使用的垂直运输和加工机具，由于机械设备本身存在一定的危险性，管理不当就可能造成机毁人亡，所以它是目前施工安全管理的重点对象。

机械设备安全管理制度应规定，大型设备应到上级有关部门备案，符合国家和行业有关规定，还应设专人负责定期进行安全检查、保养，保证机械设备处于良好的状态，以及各种机械设备的安全管理制度。

（八）制定施工现场临时用电安全管理制度

施工现场临时用电是目前建筑施工现场离不开的一项操作，由于其使用广泛、危险性比较大，因此它牵涉到每个劳动者的安全，也是施工现场一项重要的安全管理制度。

施工现场临时用电安全管理制度的内容应包括：外电的防护、地下电缆的保护、设备的接地与接零保护、配电箱（总箱、分箱、开关箱）的设置及安全管理规定、现场照明、配电线路、电器装置、变配电装置、用电档案的管理等。

（九）制定劳动防护用品管理制度

使用劳动防护用品是为了减轻或避免劳动过程中劳动者受到的伤害和职业危害，保护劳动者安全健康的一项预防性辅助措施，是安全生产防止职业性伤害的需要，对于减少职业危害起着相当重要的作用。

劳动防护用品管理制度的内容应包括：安全网、安全帽、安全带、绝缘用品、防职业病用品等。

二、建立健全安全组织机构

施工企业一般都有安全组织机构，但必须建立健全项目安全组织机构，确定安全生产目标，明确参与各方对安全管理的具体分工，安全岗位责任与经济利益挂钩，根据项目的性质规模不同采用不同的安全管理模式。对于大型项目，必须安排专门的安全总负责人，并配以合理的班子共同进行安全管理，建立安全生产管理的资料档案。实行单位领导对整个施工现场负责、专职安全员对部位负责、班组长和施工技术员对各自的施工区域负责、操作者对自己的工作范围负责的“四负责”制度。

三、安全管理体系建立步骤

（一）领导决策

最高管理者亲自决策，以便获得各方面的支持和在体系建立过程中所需的资源保证。

（二）成立工作组

最高管理者或授权管理者代表成立的工作小组负责建立安全管理体系。工作小组的成员要覆盖组织的主要职能部门，组长最好由管理者代表担任，以保证小组对人力、资金、信息的获取。

（三）人员培训

培训的目的是使有关人员了解建立安全管理体系的重要性，了解标准的主要思想和内容。

（四）初始状态评审

初始状态评审要对组织过去和现在的安全信息、状态进行收集与调查分析，识别和获取现有的、适用的法律、法规和其他要求，进行危险源辨识和风险评价，评审的结果将作为制定安全方针、管理方案，编制体系文件的基础。

（五）制定方针、目标、指标和管理方案

方针是组织对其安全行为的原则和意图的声明，也是组织自觉承担其责任和义务的承诺。方针不仅为组织确定了总的指导方向和行动准则，还是评价一切后续活动的依据，并为更加具体的目标和指标提供了一个框架。

安全目标、指标的制定是组织为了实现其在安全方针中所体现出的管理理念及其对整体绩效的期许与原则，与企业的总目标一致。

管理方案是实现目标、指标的行动方案。为保证安全管理体系的实现，需结合年度管理目标和企业客观实际情况，策划制定安全管理方案。该方案应明确旨在实现目标、指标的相关部门的职责、方法、时间表以及资源的要求。

第四节　水利水电工程施工安全控制

一、安全操作要求

（一）爆破运输作业

气温低于 10℃时运输易冻的硝化甘油炸药时，应采取防冻措施；在气温低于 -15℃情况下运输硝化甘油炸药时，也应采取防冻措施；禁止用翻斗车、自卸汽车、拖车、机动三轮车、人力三轮车、摩托车和自行车等运输爆破器材；运输炸药雷管时，装车高度要低于车厢 10 厘米，车厢、船底应加软垫，雷管箱不许倒放或立放，层间也应垫软垫；水路运输爆破器材，停泊地点距岸上建筑物不得小于 250 米；汽车运输爆破器材，汽车的排气管

宜设在车前下侧，并应设置防火罩装置；汽车在视线良好的情况下行驶时，时速不得超过20km（工区内不得超过15km）；在弯多坡陡、路面狭窄的山区行驶，时速应保持在5km以内。平坦道路行车间距应大于50米，上下坡应大于300米。

（二）起重作业

钢丝绳的安全系数应符合有关规定。根据起重机的额定负荷计算好每台起重机的吊点位置，最好采用平衡梁抬吊。每台起重机所分配的荷重不得超过其额定负荷的75%～80%。应有专人统一指挥，指挥者应站在两台起重机司机都能看到的位置。重物应保持水平，钢丝绳应保持铅直受力均衡。具备经有关部门批准的安全技术措施。起吊重物离地面10cm时，应停机检查绳扣、吊具和吊车制动的可靠性，仔细观察周围有无障碍物。确认无问题后方可继续起吊。

（三）脚手架拆除作业

拆脚手架前，必须将电气设备和其他管、线、机械设备等拆除或加以保护。拆脚手架时应统一指挥，按顺序自上而下进行；严禁上下层同时拆除或自下而上进行。拆下的材料，禁止往下抛掷，应用绳索捆牢，用滑车、卷扬等方法慢慢放下来，集中堆放在指定地点。拆脚手架时严禁采用将整个脚手架推倒的方法进行拆除。三级、特级及悬空高处作业使用的脚手架拆除时，必须事先制定安全可靠的措施才能进行拆除。拆除脚手架的区域内，无关人员禁止逗留和通过，在交通要道应设专人警戒。架子搭成后，未经有关人员同意，不得任意改变脚手架的结构和拆除部分杆子。

（四）常用安全工具

安全帽、安全带、安全网等施工生产使用的安全防护用具，应符合国家规定的质量标准，具有厂家安全生产许可证、产品合格证和安全鉴定合格证书，否则不得采购、发放和使用。常用安全防护用具应经常检查和定期试验。高处临空作业应按规定架设安全网，作业人员使用的安全带，应挂在牢固的物体上或可靠的安全绳上，安全带严禁低挂高用。挂安全带用的安全绳，不宜超过3m。在有毒有害气体可能泄漏的作业场所，应配置必要的防毒护具，以备急用，并及时检查维修更换，保证其处在良好的待用状态。电气操作人员应根据工作条件选用适当的安全电工用具和防护用品，电工用具应符合安全技术标准并定期检查，凡不符合技术标准要求的绝缘安全用具、登高作业安全工具、携带式电压和电流指示器以及检修中的临时接地线等，均不得使用。

二、安全控制要点

（一）一般脚手架安全控制要点

（1）脚手架搭设之前应根据工程的特点和施工工艺要求确定搭设（包括拆除）施工方案。（2）脚手架必须设置纵、横向扫地杆。（3）高度在 24m 以下的单、双排脚手架均须在外侧立面的两端各设置一道剪刀撑，并应由底至顶连续设置中间各道剪刀撑。剪刀撑及横向斜撑搭设应随立杆、纵向和横向水平杆等同步搭设，各底层斜杆下端必须支承在垫块或垫板上。（4）高度在 24m以下的单、双排脚手架宜采用刚性连墙件与建筑物可靠连接，亦可采用拉筋和顶撑配合使用的附墙连接方式，严禁使用仅有拉筋的柔性连墙件。24m 以上的双排脚手架必须采用刚性连墙件与建筑物可靠连接，连墙件必须采用可承受拉力和压力的构造。50m 以下（含 50m）脚手架连墙件应按三步三跨进行布置，50m 以上的脚手架连墙件应按两步三跨进行布置。

（二）一般脚手架检查与验收程序

脚手架的检查与验收应由项目经理组织项目施工、技术、安全、作业班组负责人等有关人员参加，按照技术规范、施工方案、技术交底等有关技术文件对脚手架进行分段验收，在确认符合要求后方可投入使用。脚手架及其地基基础应在下列阶段进行检查和验收：（1）基础完工后及脚手架搭设前；（2）作业层上施加荷载前；（3）每搭设完 10 ～ 13m 高度后；（4）达到设计高度后；（5）遇有六级及以上大风与大雨后；（6）寒冷地区土层开冻后；（7）停用超过一个月的，在重新投入使用之前。

（三）附着式升降脚手架、整体提升脚手架或爬架作业安全控制要点

附着式升降脚手架（整体提升脚手架或爬架）作业要针对提升工艺和施工现场作业条件编制专项施工方案，专项施工方案包括设计、施工、检查、维护和管理等全部内容。安装搭设必须严格按照设计要求和规定程序进行，安装后经验收并进行荷载试验，确认符合设计要求后方可正式使用。进行提升和下降作业时，架上人员和材料的数量不得超过设计规定并尽可能减少。升降前必须仔细检查附着连接和提升设备的状态是否良好，发现异常应及时查找原因并采取措施解决。升降作业应统一指挥、协调动作。在进行安装、升降、拆除作业时，应划定安全警戒范围并安排专人进行监护。

（四）洞口、临边防护控制

1. 洞口作业安全防护基本规定

（1）各种楼板与墙的洞口按其大小和性质应分别设置牢固的盖板、防护栏杆、安全

网或其他防坠落的防护设施；（2）坑槽、桩孔的上口柱形、条形等基础的上口以及天窗等处都要作为洞口采取符合规范的防护措施；（3）楼梯口、楼梯口边应设置防护栏杆或者用正式工程的楼梯扶手代替临时防护栏杆；（4）井口除设置固定的栅门外还应在电梯井内每隔两层不大于 10m 处设一道安全平网进行防护；（5）在建工程的地面入口处和施工现场人员流动密集的通道上方应设置防护棚，防止因落物产生物体打击事故；（6）施工现场大的坑槽、陡坡等处除了设置防护设施与安全警示标牌外，夜间还应设红灯示警。

2. 洞口的防护设施要求

（1）楼板、屋面和平台等面上短边尺寸小于 25cm 但大于 2.5cm 的孔口必须用坚实的盖板盖严，盖板要有防止挪动移位的固定措施；（2）楼板面等处边长为 25 ～ 50cm 的洞口、安装预制构件时的洞口以及因缺件临时形成的洞口可用竹、木等做盖板盖住洞口，盖板要保持四周搁置均衡并有固定其位置不发生挪动移位的措施；（3）边长为 50 ～ 150cm 的洞口必须设置一层以扣件连接钢管而成的网格栅，并在其上满铺竹篱笆或脚手板，也可采用贯穿于混凝土板内的钢筋构成防护网栅、钢盘网格，间距不得大于 20cm；（4）边长在 150cm 以上的洞口四周必须设防护栏杆，洞口下方设安全平网防护。

3. 施工用电安全控制

（1）施工现场临时用电设备。

临时用电设备在 5 台及以上或设备总容量在 50kW 及以上者应编制用电组织设计。临时用电设备在 5 台以下和设备总容量在 50kW 以下者应制定安全用电和电气防火措施。

（2）变压器中性点直接接地。

低压电网临时用电工程必须采用 TN—S 接零保护系统。

（3）施工现场与外线路共同使用同一供电系统。

电气设备的接地、接零保护应与原系统保持一致，不得一部分设备做保护接零，另一部分设备做保护接地。

（4）配电箱的设置。

①施工用电配电系统应设置总配电箱、配电柜、分配电箱、开关箱，并按照“总—分—开”顺序做分级设置，形成“三级配电”模式。②施工用电配电系统各配电箱、开关箱的安装位置要合理。总配电箱、配电柜要尽量靠近变压器或外电源处，以便于电源的引入。分配电箱应尽量安装在用电设备或负荷相对集中区域的中心地带，确保三相负荷保持平衡。开关箱安装的位置应视现场情况和施工状况尽量靠近其控制的用电设备。③为保证临时用电配电系统三相负荷平衡，施工现场的动力用电和照明用电应形成两个用电回路，动力配电箱与照明配电箱应该分别设置。④施工现场所有用电设备必须有各自专用的开关箱。⑤各级配电箱的箱体和内部设置必须符合安全规定，开关电器应标明用途，箱体应统一编号。停止使用的配电箱应切断电源，箱门上锁。固定式配电箱应设围栏并有防雨防砸

措施。

（5）电器装置的选择与装配。

在开关箱中作为末级保护的漏电保护器，其额定漏电动作电流不应大于 30mA，额定漏电动作时间不应大于 0.1 秒，在潮湿、有腐蚀性介质的场所中，漏电保护器要选用防溅型的产品，其额定漏电动作电流不应大于 15mA，额定漏电动作时间不应大于 0.1 秒。

（6）施工现场照明用电。

①在坑、洞、井内作业，夜间施工或厂房、道路、仓库、办公室、食堂、宿舍、料具堆放场所及自然采光差的场所应设一般照明、局部照明或混合照明。一般场所宜选用额定电压 220V 的照明器。②隧道、人防工程、高温、有导电灰尘、比较潮湿或灯具离地面高度低于 2.5m 等场所的照明电源电压不得大于 36V。③潮湿和易触及带电体场所的照明电源电压不得大于 24V。④特别潮湿场所、导电良好的地面、锅炉或金属容器内的照明电源电压不得大于 12V。⑤照明变压器必须使用双绕组型安全隔离变压器，严禁使用自耦变压器。⑥室外 220V 灯具距地面不得低于 3m，室内 220V 灯具距地面不得低于 2.5m。

4. 垂直运输机械安全控制

（1）外用电梯安全控制要点。

外用电梯在安装和拆卸之前必须针对其类型特点按照说明书的技术要求，结合施工现场的实际情况制定详细的施工方案。外用电梯的安装和拆卸作业必须由取得相应资质的专业队伍进行安装完毕，经验收合格取得政府相关主管部门核发的准用证后方可投入使用。外用电梯在大雨、大雾和六级及六级以上大风天气时应停止使用。暴风雨过后应组织对电梯各有关安全装置进行一次全面检查。

（2）塔式起重机安全控制要点。

塔吊在安装和拆卸之前必须针对类型特点，按照说明书的技术要求结合作业条件制定详细的施工方案。塔吊的安装和拆卸作业必须由取得相应资质的专业队伍进行安装完毕，经验收合格取得政府相关主管部门核发的准用证后方可投入使用。遇六级及六级以上大风等恶劣天气应停止作业将吊钩升起。行走式塔吊要夹好轨钳。当风力达十级以上时应在塔身结构上设置缆风绳或采取其他措施加以固定。

第五节 水利水电工程安全应急预案

应急预案又称“应急计划”或“应急救援预案”，是针对可能发生的事故，为迅速、有序地开展应急行动、降低人员伤亡和经济损失而预先制订的有关计划或方案。它是在辨识和评估潜在重大危险、事故类型、发生的可能性、发生的过程、事故后果及影响严重程度的基础上，对应急机构职责、人员、技术、装备、设施、物资、救援行动及其指挥与协调方面预先做出的具体安排。应急预案明确了在事故发生前、事故过程中以及事故发生后谁负责做什么、何时做、怎么做，以及相应的策略和资源准备等。

一、事故应急预案

为控制重大事故的发生，防止事故蔓延，有效地组织抢险和救援，政府和生产经营单位应对已初步认定的危险场所和部位进行风险分析。对认定的危险有害因素和重大危险源，应事先对事故后果进行模拟分析，预测重大事故发生后的状态、人员伤亡情况及设备破坏和损失程度，以及由于物料的泄漏可能引起的火灾、爆炸、有毒有害物质扩散对单位可能造成的影响。

依据预测，提前制定重大事故应急预案，组织、培训事故应急救援队伍，配备事故应急救援器材，以便在重大事故发生后能及时按照预定方案进行救援，在最短时间内使事故得到有效控制。编制事故应急预案的主要目的有两个：（1）采取预防措施使事故控制在局部，消除蔓延条件，防止突发性重大或连锁事故发生。（2）能在事故发生后迅速控制和处理事故，尽可能减轻事故对人员及财产的影响，保障人员生命和财产安全。

事故应急预案是事故应急救援体系的主要组成部分，是事故应急救援工作的核心内容之一，是及时、有序、有效地开展事故应急救援工作的重要保障。事故应急预案的作用体现在以下几个方面：（1）事故应急预案确定了事故应急救援的范围和体系，使事故应急救援不再无据可依、无章可循，尤其是通过培训和演练，可以使应急人员熟悉自己的任务，具备完成指定任务所需的相应的能力，并检验预案和行动程序，评估应急人员的整体协调性。（2）事故应急预案有利于做出及时的应急响应，降低事故后果。应急行动对时间要求十分敏感，不允许有任何拖延。事故应急预案预先明确了应急各方的职责和响应程序，在应急救援等方面进行了先期准备，可以指导事故应急救援迅速、高效、有序地开展，将事故造成的人员伤亡、财产损失和环境破坏降到最低限度。（3）事故应急预案是各类突发事故的应急基础。通过编制事故应急预案，可以对那些事先无法预料到的突发事故起到基本的应急指导作用，成为开展事故应急救援的底线。在此基础上，可以针对特定事故类别编制专项事故应急预案，并有针对性地制定应急措施、进行专项应对准备和演习。（4）事故应急预案建立了与上级单位和部门事故应急救援体系的衔接。通过编制事故应急预案可以确保当发生超过本级应急能力的重大事故时与有关应急机构的联系和协调。（5）事故应急预案有利于提高风险防范意识。事故应急预案的编制、评审、发布、宣传、推演、教育和培训有利于各方了解可能面临的重大事故及其相应的应急措施，有利于促进各方提高风险防范意识和能力。

二、应急预案的编制

事故应急预案的编制过程可以分为以下四个步骤。

1. 成立事故应急预案编制小组

应急预案的成功编制需要有关职能部门和团体的积极参与，并达成一致意见，尤其是应寻求与危险直接相关的各方进行合作。成立事故应急预案编制小组是将各有关职能部门、各类专业技术有效结合起来的最佳方式，可有效地保证应急预案的准确性、完整性和实用性，而且为应急各方提供了一个非常重要的协作与交流机会，有利于统一应急各方的不同观点和意见。

2. 危险分析和应急能力评估

为了准确策划事故应急预案的编制目标和内容，应开展危险分析和应急能力评估工作。为了有效地开展此项工作，预案编制小组首先应进行初步的资料收集，包括相关法律法规、应急预案、技术标准、国内外同行业事故案例分析、本单位技术资料、重大危险源等。

（1）危险分析。

危险分析是应急预案编制的基础和关键过程。在危险因素辨识分析、评价及事故隐患排查、治理的基础上，确定本区域或本单位可能发生事故的危险源、事故的类型、影响范围和后果等，并指出事故可能产生的次生、衍生事故，形成分析报告，分析结果作为应急预案的编制依据。危险分析主要内容为危险源的分析和危险度评估。危险源的分析主要包括有毒、有害、易燃、易爆物质的企事业单位的名称、地点、种类、数量、分布、产量、储存、危险度、以往事故发生情况和发生事故的诱发因素等。事故源潜在危险度的评估就是在对危险源进行全面调查的基础上，对企业单位的事故潜在危险度进行全面的科学评估，为确定目标单位危险度的等级找出科学的数据依据。

（2）应急能力评估。

应急能力评估就是依据危险分析的结果，对应急资源的准备状况充分性和从事应急救援活动所具备的能力的评估，以明确应急救援的需求和不足，为事故应急预案的编制奠定基础。应急能力包括应急资源（应急人员、应急设施、装备和物资）、应急人员的技术、经验和接受的培训等，它将直接影响应急行动的快速、有效性。制定应急预案时，应当在评估与潜在危险相适应的应急能力的基础上，选择最现实、最有效的应急策略。

3. 应急预案编制

针对可能发生的事故，结合危险分析和应急能力评估结果等信息，按照应急预案的相关法律法规的要求编制应急救援预案。在应急预案的编制过程中，应注意编制人员的参与和培训，充分发挥他们各自的专业优势，使他们掌握危险分析和应急能力评估结果，明确应急预案的框架、应急过程行动重点以及应急衔接、联系要点等。同时编制的应急预案应充分利用社会应急资源，考虑与政府应急预案、上级主管单位以及相关部门的应急预案相衔接。

4. 应急预案的评审和发布

（1）应急预案的评审。

为使预案切实可行、科学合理以及与实际情况相符，尤其是重点目标下的具体行动预案，编制前后需要组织有关部门、单位的专家、领导到现场进行实地勘察，如对重点目标周围地形、环境、指挥所位置、分队行动路线、展开位置、人口疏散道路及疏散地域等实地勘察、实地确定。经过实地勘察修改预案后，应急预案编制单位或管理部门还要依据我国有关应急的方针、政策、法律、法规、规章、标准和其他有关应急预案编制的指南性文件与评审检查表，组织有关部门、单位的领导和专家进行评议，取得政府有关部门和应急机构的认可。

（2）应急预案的发布。

事故应急救援预案经评审通过后，应由最高行政负责人签署发布，并报送有关部门和应急机构备案。预案经批准发布后，应组织落实预案中的各项工作，如开展应急预案宣传、教育和培训，落实应急资源并定期检查，组织开展应急演习和训练，建立电子化的应急预案，对应急预案实施动态管理与更新并不断完善。

三、事故应急预案主要内容

一个完整的事故应急预案主要包括以下六个方面的内容。

（一）事故应急预案概况

事故应急预案概况主要描述生产经营单位概况总工以及危险特性状况等，同时对紧急情况下事故应急救援紧急事件、适用范围提供简述并作必要说明，如明确应急方针与原则，作为开展应急救援的纲领。

（二）预防程序

预防程序是对潜在事故、可能的次生与衍生事故进行分析，并说明所采取的预防和控制事故的措施。

（三）准备程序

准备程序应说明应急行动前所需采取的准备工作，包括应急组织及其职责权限、应急队伍建设和人员培训、应急物资的准备、预案的演练、公众的应急知识培训、签订互助协议等。

（四）应急程序

在事故应急救援过程中，存在一些必需的核心功能和任务，如接警与通知、指挥与控制、警报和紧急公告、通信、事态监测与评估、警戒与治安、人群疏散与安置、医疗卫生、公共关系、应急人员安全、消防和抢险、泄漏物控制等，无论何种应急过程都必须围绕上述功能和任务开展。应急程序主要指实施上述核心功能和任务的步骤。

（1）接警与通知。

准确了解事故的性质和规模等初始信息是决定启动事故应急救援的关键。接警作为应急响应的第一步，必须对接警要求作出明确规定，保证迅速、准确地向报警人员询问事故现场的重要信息。接警人员接受报警后，应按预先确定的通报程序，迅速向有关应急机构、政府及上级部门发出事故通知，以采取相应的行动。

（2）指挥与控制。

建立统一的应急指挥、协调和决策程序，便于对事故进行初始评估，确认紧急状态，从而迅速有效地进行应急响应决策，建立现场工作区域，确定重点保护区域和应急行动的优先原则，指挥和协调现场各救援队伍开展救援行动，合理高效地调配和使用应急资源等。

（3）警报和紧急公告。

当事故可能影响到周边地区，对周边地区的公众可能造成威胁时，应及时启动警报系统，向公众发出警报，同时通过各种途径向公众发出紧急公告，告知事故性质、对健康的影响、自我保护措施、注意事项等，以保证公众能够及时做出自我保护响应。决定实施疏散时，应通过紧急公告确保公众了解疏散的有关信息，如疏散时间、路线、随身携带物、交通工具及目的地等。

（4）通信。

通信是应急指挥、协调和与外界联系的重要保障，在现场指挥部、应急中心、各事故应急救援组织、新闻媒体、医院、上级政府和外部救援机构之间，必须建立完善的应急通信网络，在事故应急救援过程中应始终保持通信网络畅通，并设立备用通信系统。

（5）事态监测与评估。

在事故应急救援过程中必须对事故的发展势态及影响及时进行动态的监测，建立对事故现场及场外的监测和评估程序。事态监测在事故应急救援中起着非常重要的决策支持作用，其结果不仅是控制事故现场，制定消防、抢险措施的重要决策依据，也是划分现场工作区域、保障现场应急人员安全、实施公众保护措施的重要依据。即使是在现场恢复阶段，也应当对现场和环境进行监测。

（6）警戒与治安。

为保障现场事故应急救援工作的顺利开展，在事故现场周围建立警戒区域、实施交通管制、维护现场治安秩序是十分必要的，其目的是要防止与救援无关的人员进入事故现场，保障救援队伍、物资运输和人群疏散等的交通畅通，并避免发生不必要的伤亡。

（7）人群疏散与安置。

人群疏散是防止人员伤亡扩大的关键，也是最彻底的应急响应。应当对疏散的紧急情况和决策、预防性疏散准备、疏散区域、疏散距离、疏散路线、疏散运输工具、避难场所以及回迁等做出细致的规定和准备，应考虑疏散人群的数量、所需要的时间、风向等环境变化以及老弱病残等特殊人群的疏散等问题。对已实施临时疏散的人群，要做好临时生活安置，保障必要的水、电、卫生等基本条件。

（8）进行医疗卫生。

对受伤人员进行及时、有效的现场急救，合理转送医院进行治疗，是减少事故现场人员伤亡的关键。医疗人员必须了解城市主要的危险并经过培训，掌握对受伤人员进行正确消毒和治疗的方法。

（9）公共关系。

事故发生后，不可避免地引起新闻媒体和公众的关注。应将有关事故的信息、影响、救援工作的进展等情况及时向媒体和公众公布，以消除公众的恐慌心理，避免公众的猜疑和不满。应保证事故和救援信息的统一发布，明确事故应急救援过程中对媒体和公众的发言人和信息批准、发布的程序，避免信息的不一致性。同时，还应处理好公众的有关咨询，接待和安抚受害者家属。

（10）应急人员安全。

水利水电工程施工安全事故的应急救援工作危险性极大，必须对应急人员自身的安全问题进行周密的考虑，包括安全预防措施、个体防护设备、现场安全监测等，明确紧急撤离应急人员的条件和程序，保证应急人员免受事故的伤害。

（11）抢险与救援。

抢险与救援是事故应急救援工作的核心内容之一，其目的是为了尽快控制事故的发展，防止事故的蔓延和进一步扩大，从而最终控制住事故，并积极营救事故现场的受害人员。尤其是涉及危险物质的泄漏、火灾事故，其消防和抢险工作的难度和危险性十分巨大，应对消防和抢险的器材和物资、人员培训、方法和策略以及现场指挥等做好周密的安排和准备。

（12）危险物质控制。

危险物质的泄漏或失控，将可能引发火灾、爆炸或中毒事故，对工人和设备等造成严重危险。而且，泄漏的危险物质以及夹带了有毒物质的灭火用水，都可能对环境造成重大影响，同时也会给现场救援工作带来更大的危险。因此，必须对危险物质进行及时有效的控制，如对泄漏物的围堵、收容和洗消，并进行妥善处置。

（五）恢复程序

恢复程序是事故现场应急行动结束后所需采取的清除和恢复行动。现场恢复是在事故被控制住后进行的短期恢复，从应急过程来说意味着事故应急救援工作的结束，并进入到另一个工作阶段——将现场恢复到一个基本稳定的状态。经验教训表明，在现场恢复的过程中往往仍存在潜在的危险，如余烬复燃、受损建筑物倒塌等。所以，应充分考虑现场恢复过程中的危险，制定恢复程序，防止事故再次发生。

（六）预案管理与评审改进

事故应急预案是事故应急救援工作的指导文件。应当对预案的制定、修改、更新、批准和发布做出明确的管理规定，保证定期或在应急演习、事故应急救援后对事故应急预案进行评审，针对各种变化的情况以及预案中所暴露出的缺陷，不断地完善事故应急预案体系。

四、应急预案的内容

根据《生产经营单位生产安全事故应急预案编制导则》（GB/T 29639—2013），应急预案可分为综合应急预案、专项应急预案和现场处置方案三个层次。

综合应急预案是应急预案体系的总纲，主要从总体上阐述事故的应急工作原则，包括应急组织机构及职责、应急预案体系、事故风险描述、预警及信息报告、应急响应、保障措施、应急预案管理等内容。

专项应急预案是为应对某一类型或某几种类型事故，或者针对重要生产设施、重大危险源、重大活动等内容而制定的应急预案。专项应急预案主要包括事故风险分析、应急指挥机构及职责、处置程序和措施等内容。

现场处置方案是根据不同事故类别，针对具体的场所、装置或设施所制定的应急处置措施，主要包括事故风险分析、应急工作职责、应急处置和注意事项等内容。水利水电工程建设参建各方应根据风险评估、岗位操作规程以及危险性控制措施，组织本单位现场作业人员及相关专业人员共同编制现场处置方案。

应急预案应形成体系，针对各级各类可能发生的事故和所有危险源制定专项应急预案和现场处置方案，并明确事前、事发、事中、事后各个过程中相关单位、部门和有关人员的职责。水利水电工程建设项目应根据现场情况，详细分析现场具体风险（如某处易发生滑坡事故），编制现场处置方案，主要由施工企业编制、监理单位审核、项目法人备案；分析工程现场的风险类型（如人身伤亡），编写专项应急预案，由监理单位与项目法人起草，相关领导审核，向各施工企业发布；综合分析现场风险，按照应急行动、措施和保障等基本要求和程序，编写综合应急预案，由项目法人编写、项目法人领导审批，向监理单位、施工企业发布。

由于综合应急预案是综述性文件，因此需要要素全面，而专项应急预案和现场处置方案要素重点在于制定具体救援措施，因此对于单位概况等基本要素不做内容要求。

五、应急预案的编制步骤

应急预案的编制应参照《生产经营单位生产安全事故应急预案编制导则》（GB/T 29639—2013），预案的编制过程大致可以分为下列六个步骤。

（一）成立应急预案编制工作组

水利水电工程建设参建各方应结合本单位实际情况，成立以主要负责人为组长的应急预案编制工作组，明确编制任务、职责分工，制订工作计划，组织开展应急预案编制工作。应急预案编制需要安全、工程技术、组织管理、医疗急救等各方面的知识，因此应急预案编制工作组是由各方面的专业人员或专家、预案制定和实施过程中所涉及或受影响的部门负责人及具体执行人员组成。必要时，编制工作组也可以邀请地方政府相关部门、水行政主管部门或流域管理机构代表作为成员。

（二）收集相关资料

收集应急预案编制所需的各种资料是一项非常重要的基础工作。掌握相关资料的多少、资料内容的详细程度和资料的可靠性将直接关系到应急预案编制工作能否够顺利进行，以及能否编制出质量较高的事故应急预案。

需要收集的资料一般包括：(1) 适用的法律、法规和标准；(2) 本水利水电工程建设项目与国内外同类工程建设项目的事故资料及事故案例分析；(3) 施工区域布局，工艺流程布置，主要装置、设备、设施布置，施工区域主要建（构）筑物布置等；(4) 原材料、中间体、中间和最终产品的理化性质及危险特性；(5) 施工区域周边情况及地理、地质、水文、环境、自然灾害、气象资料；(6) 事故应急所需的各种资源情况；(7) 同类工程建设项目的应急预案；(8) 政府的相关应急预案；(9) 其他相关资料。

（三）风险评估

风险评估是编制应急预案的关键，所有应急预案都建立在风险分析基础之上。在危险因素分析、危险源辨识及事故隐患排查、治理的基础上，确定本水利水电工程建设项目的危险源、可能发生的事故类型和后果，进行事故风险分析，并指出事故可能产生的次生、衍生事故及后果，形成分析报告，分析结果将作为编制事故应急预案的依据。

（四）应急能力评估

应急能力评估就是依据危险分析的结果，对应急资源准备状况的充分性和从事应急救援活动所具备的能力评估，以明确应急救援的需求和不足，为应急预案的编制奠定基础。水利水电工程建设项目应针对可能发生的事故及事故抢险的需要，实事求是地评估本工程的应急装备、应急队伍等应急能力。对于事故应急所需但本工程尚不具备的应急能力，应采取切实有效的措施予以弥补。

事故应急能力一般包括：(1)应急人力资源(各级指挥员、应急队伍、应急专家等)；(2)应急通信与信息能力；(3)人员防护设备（呼吸器、防毒面具、防酸服、便携式一氧化碳报警器等）；(4)消灭或控制事故发展的设备（消防器材等）；(5)防止污染的设备、材料（中和剂等)；(6)检测、监测设备；(7)医疗救护机构与救护设备；(8)应急运输与治安能力；(9)其他应急能力。

（五）应急预案编制

在以上工作的基础上，针对本水利水电工程建设项目可能发生的事故，按照有关规定和要求，充分借鉴国内外同行业事故应急工作经验，编制应急预案。应急预案编制过程中，应注重编制人员的参与和培训，充分发挥他们各自的专业优势，告知其风险评估和应急能力评估结果，明确应急预案的框架、应急过程行动重点以及应急衔接、联系要点等。同时，应急预案应充分考虑和利用社会应急资源，并与地方政府、流域管理机构、水行政主管部门以及相关部门的应急预案相衔接。

（六）应急预案评审

《生产经营单位生产安全事故应急预案编制导则》(GB/T 29639—2013)、《生产安全事故应急预案管理办法》(国家安监总局令第17号)、《生产安全事故应急条例》等提出了对应急预案评审的要求，即应急预案编制完成后，应进行评审或者论证。内部评审由本单位主要负责人组织有关部门和人员进行；外部评审由本单位组织外部有关专家进行，并可邀请地方政府有关部门、水行政主管部门或流域管理机构有关人员参加。应急预案评审合格后，由本单位主要负责人签署发布，并按规定报有关部门备案。

水利水电工程建设项目应参照《生产经营单位生产安全事故应急预案评审指南（试行)》(安监总厅应急〔2009〕73号) 组织对应急预案进行评审。该指南给出了评审方法、评审程序和评审要点，附有应急预案形式评审表、综合应急预案要素评审表、专项应急预案要素评审表、现场处置方案要素评审表和应急预案附件要素评审表5个附件。

1.评审方法

应急预案评审分为形式评审和要素评审，评审可采取符合、基本符合、不符合三种方式简单判定。对于基本符合和不符合的项目，应提出指导性意见或建议。

(1) 形式评审。

依据有关规定和要求，对应急预案的层次结构、内容格式、语言文字和制定过程等内容进行审查。形式评审的重点是应急预案的规范性和可读性。

（2）要素评审

依据有关规定和标准，从符合性、适用性、针对性、完整性、科学性、规范性和衔接性等方面对应急预案进行评审。要素评审包括关键要素和一般要素评审。为细化评审，可采用列表方式分别对应急预案的要素进行评审。评审应急预案时，将应急预案的要素内容与表中的评审内容及要求进行对应分析，判断是否符合表中要求，发现其中存在的问题及不足。

关键要素指应急预案构成要素中必须规范的内容。这些要素内容涉及水利水电工程建设项目参建各方日常应急管理及应急救援时的关键环节，如应急预案中的危险源与风险分析、组织机构及职责、信息报告与处置、应急响应程序与处置技术等要素。

一般要素指应急预案构成要素中简写或可省略的内容。这些要素内容不涉及参建各方日常应急管理及应急救援时的关键环节，而是预案构成的基本要素，如应急预案中的编制目的、编制依据、适用范围、工作原则、单位概况等要素。

2. 评审程序

应急预案编制完成后，应在广泛征求意见的基础上，采取会议评审的方式对其进行审查，会议审查规模和参加人员根据应急预案涉及范围和重要程度确定。

（1）评审准备。

应急预案评审应做好下列准备工作：

①成立应急预案评审组，明确参加评审的单位或人员；

②通知参加评审的单位或人员具体评审时间；

③将被评审的应急预案在评审前送达参加评审的单位或人员。

（2）会议评审。

会议评审可按照下列程序进行：

①介绍应急预案评审人员构成，推选会议评审组组长；

②应急预案编制单位或部门向评审人员介绍应急预案编制或修订情况；

③评审人员对应急预案进行讨论，提出修改和建设性意见；

④应急预案评审组根据会议讨论情况，提出会议评审意见；

⑤讨论通过会议评审意见，参加会议评审人员签字。

（3）意见处理。

评审组组长负责对各位评审人员的意见进行协调和归纳，综合提出预案评审的结论性意见。按照评审意见，对应急预案存在的问题以及不合格项进行分析研究，并对应急预案进行修订或完善。反馈意见要求重新审查的，应按照要求重新组织审查。

3. 评审要点

应急预案评审应包括下列几项内容。

（1）符合性

应急预案的内容是否符合有关法规、标准和规范的要求。

（2）适用性

应急预案的内容及要求是否符合单位实际情况。

（3）完整性

应急预案的要素是否符合评审表规定的要素。

（4）针对性

应急预案是否针对可能发生的事故类别、重大危险源、重点岗位部位。

（5）科学性

应急预案的组织体系、预防预警、信息报送、响应程序和处置方案是否合理。

（6）规范性

应急预案的层次结构、内容格式、语言文字等是否简洁明了，便于阅读和理解。

（7）衔接性

综合应急预案、专项应急预案、现场处置方案以及其他部门或单位预案是否衔接。

六、应急预案管理

（一）应急预案备案

中央管理的企业综合应急预案和专项应急预案，报国务院国有资产监督管理部门、国务院安全生产监督管理部门和国务院有关主管部门备案；其所属单位的应急预案分别抄送所在地的省、自治区、直辖市或者设区的市人民政府安全生产监督管理部门和有关主管部门备案。

水利水电工程建设项目参建各方申请应急预案备案，应当提交下列材料：(1) 应急预案备案申请表；(2) 应急预案评审或者论证意见；(3) 应急预案文本及电子文档。

受理备案登记的安全生产监督管理部门及有关主管部门应当对应急预案进行形式审查，经审查符合要求的，予以备案并出具应急预案备案登记表；不符合要求的，不予备案并说明理由。

（二）应急预案宣传与培训

应急预案宣传和培训工作是保证预案贯彻实施的重要手段，是增强参建人员应急意识，提高事故防范能力的重要途径。

水利水电工程建设参建各方应采取不同方式开展安全生产应急管理知识和应急预案的宣传和培训工作。对本单位负责应急管理工作的人员以及专职或兼职应急救援人员进行相应的知识和专业技能培训，同时加强对安全生产关键责任岗位员工的应急培训，使其掌握生产安全事故的紧急处置方法，增强自救互救和第一时间处置事故的能力。在此基础上，确保所有从业人员具备基本的应急技能，熟悉本单位应急预案，掌握本岗位事故防范与处置措施和应急处置程序，提高应急水平。

（三）应急预案演练

应急预案演练是应急准备的一个重要环节。通过演练，可以检验应急预案的可行性和应急反应的准备情况；通过演练，可以发现应急预案存在的问题，完善应急工作机制，提高应急反应能力；通过演练，可以锻炼队伍，提高应急队伍的作战能力，熟悉操作技能；通过演练，可以教育参建人员，增强其危机意识，提高安全生产工作的自觉性。为此，预案管理和相关规章中都应有对应急预案演练的要求。

（四）应急预案修订与更新

应急预案必须与工程规模、机构设置、人员安排、危险等级、管理效率及应急资源等状况相一致。随着时间的推移，应急预案中包含的信息可能会发生变化。因此，为了不断完善和改进应急预案并保持预案的时效性，水利水电工程建设参建各方应根据本单位实际情况，及时更新和修订应急预案。

应就下列情况对应急预案进行定期和不定期的修改或修订：(1) 日常应急管理中发现预案的缺陷；(2) 训练或演练过程中发现预案的缺陷；(3) 实际应急过程中发现预案的缺陷；(4) 组织机构发生变化；(5) 原材料、生产工艺的危险性发生变化；(6) 施工区域范围的变化；(7) 布局、消防设施等发生变化；(8) 人员及通信方式发生变化；(9) 有关法律法规标准发生变化；(10) 其他情况。

应急预案修订前，应组织对应急预案进行评估，以确定是否需要进行修订以及哪些内容需要修订。通过对应急预案的更新与修订，可以保证应急预案的持续适应性。同时，更新的应急预案内容应通过有关负责人认可，并及时通告相关单位、部门和人员；修订的预案版本应经过相应的审批程序，并及时发布和备案。

第六节　水利水电工程安全事故处理

水利水电工程施工安全是指在施工过程中，工程组织方应该采取必要的安全措施和手段来保证施工人员的生命和健康安全，降低安全事故的发生率。

一、概述

（一）概念

工伤事故又称劳动事故，有广义、狭义之分。在狭义上，国家人力资源和社会保障部有关工伤保险的业务指南中指出“工伤事故应该是指适用《工伤保险条例》的所有用人单位的职工在工作过程中发生的人身伤害和急性中毒事故”“其本质特征是由于工作原因直接或间接造成的伤害和急性中毒事故”。

除此之外，广义的工伤事故还包括罹患职业病。《工伤保险条例》第一条规定：“为了保障因工作遭受事故伤害或者患职业病的职工获得医疗救治和经济补偿，……制定本条例。”根据该《条例》的基本精神，我国工伤事故赔偿中所指称的工伤事故采用的是广义，既包括一般伤害事故和急性中毒，又包括罹患职业病。

（二）伤亡事故的分类

伤亡事故可以划分为四个等级：特别重大事故、重大事故、较大事故和一般事故。

1. 特别重大事故

特别重大事故是指造成 30 人以上死亡，或者 100 人以上重伤 (包括急性工业中毒，下同)，或者 1 亿元以上直接经济损失的事故。

2. 重大事故

重大事故是指造成 10 人以上 30 人以下死亡，或者 50 人以上 100 人以下重伤，或者 5000 万元以上 1 亿元以下直接经济损失的事故。

3. 较大事故

较大事故是指造成 3 人以上 10 人以下死亡，或者 10 人以上 50 人以下重伤，或者 1000 万元以上 5000 万元以下直接经济损失的事故。

4. 一般事故

一般事故是指造成 3 人以下死亡，或者 10 人以下重伤，或者 1000 万元以下直接经济损失的事故。

二、事故处理程序

一般来说，如果在施工过程中发生重大伤亡事故，企业负责人员应在第一时间组织抢救伤员，并及时将事故情况报告给各有关部门，具体来说，主要分为以下三个主要步骤。

（一）迅速抢救伤员、保护好事故现场

在工伤事故发生之后，施工单位的负责人应迅速组织人员对伤员展开抢救，并拨打“120”急救热线。另外，还要保护好事故现场，帮助劳动责任认定部门进行劳动责任认定。

（二）组织调查组

轻伤、重伤事故，由企业负责人或其指定人员组织生产、技术、安全等部门及工会组成事故调查组，进行调查；伤亡事故，由企业主管部门会同同级行政安全管理部门、公安部门、监察部门、工会组成事故调查组，进行调查；死亡和重大死亡事故调查组应邀请人民检察院参加，还可邀请有关专业技术人员参加，与发生事故有直接利害关系的人员不得参加调查组。

（三）现场勘察

1. 做出笔录

通常情况下，笔录的内容包括事发时间、地点以及气象条件等；现场勘察人员的姓名、单位、职务；现场勘察起止时间、勘察过程；能量逸散所造成的破坏情况、状态、程度；设施设备损坏情况及事故发生前后的位置；事故发生前的劳动组合，现场人员的具体位置和行动；重要物证的特征、位置及检验情况等。

2. 实物拍照

实物拍照包括方位拍照，反映事故现场周围环境中的位置；全面拍照，反映事故现场各部位之间的联系；中心拍照，反映事故现场中心情况；细目拍照，提示事故直接原因的痕迹物、致害物；人体拍照，反映伤亡者主要受伤和造成伤害的部位。

3. 现场绘图

现场绘图包括根据事故的类别和规模以及调查工作的需要应绘制的图：建筑物平面图、剖面图；事故发生时人员位置及疏散图；破坏物立体图或展开图；涉及范围图；设备或工、器具构造图等。

4. 分析事故原因、确定事故性质

分析的步骤和要求是：(1) 通过详细的调查，查明事故发生的经过。(2) 仔细整理阅读调查资料，对受伤部位、受伤性质、起因物、致害物、伤害方法、不安全行为和不安全状态等七项内容进行分析。(3) 根据调查所确认的事实，从直接原因入手，逐渐深入到间接原因。通过对原因的分析，确定出事故的直接责任者和领导责任者，根据在事故发生中

的作用，找出主要责任者。(4) 确定事故的性质，如责任事故、非责任事故或破坏性事故。

5. 写出事故调查报告

事故调查组应着重把事故发生的经过、原因、责任分析和处理意见以及本次事故的教训和改进工作的建议等写成报告，经调查组全体人员签字后报批。如内部意见不统一，应进一步弄清事实，对照政策法规反复研究、统一认识。对于个别同志仍持有不同意见的，可在签字时写明自己的意见。

6. 事故的审理和结案

建设部对事故的审批和结案有以下几点要求：（1）事故调查处理结论，应经有关机关审批后，方可结案。伤亡事故处理工作应当在90日内结案，特殊情况不得超过180日。（2）事故案件的审批权限，同企业的隶属关系及人事管理权限一致。(3) 对事故责任人的处理，应根据其情节轻重和损失大小、谁有责任、主要责任、次要责任、重要责任、一般责任、还是领导责任等，按规定给予处分。(4) 要把事故调查处理的文件、图纸、照片、资料等记录长期完整地保存起来。

第六章 水利水电工程施工质量管理

第一节 工程质量管理概述

水利水电工程项目的施工阶段是根据设计图纸和设计文件的要求，通过工程参建各方及其技术人员的劳动形成工程实体的阶段。这个阶段的质量控制无疑是极其重要的，其中心任务是通过建立健全有效的工程质量监督体系，确保工程质量达到合同规定的标准和等级要求。为此，在水利水电工程项目建设中，建立了质量管理的三个体系，即施工单位的质量保证体系、建设（监理）单位的质量检查体系和政府部门的质量监督体系。

一、工程项目质量和质量控制的概念

（一）工程项目质量

质量是反映实体满足明确或隐含需要能力的特性之总和。工程项目质量是国家现行的有关法律、法规、技术标准、设计文件及工程承包合同对工程的安全、适用、经济、美观等特征的综合要求。

从功能和使用价值来看，工程项目质量体现在适用性、可靠性、经济性、外观质量与环境协调等方面。由于工程项目是依据项目法人的需求而兴建的，故各工程项目的功能和使用价值的质量应满足于不同项目法人的需求，并无一个统一的标准。从工程项目质量的形成过程来看，工程项目质量包括工程建设各个阶段的质量，即可行性研究质量、工程决策质量、工程设计质量、工程施工质量、工程竣工验收质量。

工程项目质量具有两个方面的含义：一是指工程产品的特征性能，即工程产品质量；二是指参与工程建设各方面的工作水平、组织管理等，即工作质量。工作质量包括社会工作质量和生产过程工作质量。社会工作质量主要是指社会调查、市场预测、维修服务等。生产过程工作质量主要包括管理工作质量、技术工作质量、后勤工作质量等，最终将反映在工序质量上，而工序质量的好坏，直接受人、原材料、机具设备、工艺及环境等五方面

因素的影响。因此，工程项目质量的好坏是各环节、各方面工作质量的综合反映，而不是单纯靠质量检验查出来的。

（二）工程项目质量控制

质量控制是指为达到质量要求所采取的作业技术和活动，工程项目质量控制，实际上就是对工程在可行性研究、勘测设计、施工准备、建设实施、后期运行等各阶段、各环节、各因素的全过程、全方位的质量监督控制。工程项目质量有个产生、形成和实现的过程，控制这个过程中的各环节，以满足工程合同、设计文件、技术规范规定的质量标准。在我国的工程项目建设中，工程项目质量控制按其实施者的不同，包括如下三个方面。

1. 项目法人方面的质量控制

项目法人方面的质量控制，主要是委托监理单位依据国家的法律、规范、标准和工程建设的合同文件，对工程建设进行监督和管理。其特点是外部的、横向的、不间断的控制。

2. 政府方面的质量控制

政府方面的质量控制是通过政府的质量监督机构来实现的，其目的在于维护社会公共利益，保证技术性法规和标准的贯彻执行。其特点是外部的、纵向的、定期或不定期的抽查。

3. 承包人方面的质量控制

承包人主要是通过建立健全质量保证体系，加强工序质量管理，严格施行“三检制”（初检、复检、终检），避免返工，提高生产效率等方式来进行质量控制。其特点是内部的、自身的、连续的控制。

二、工程项目质量的特点

建筑产品位置固定、生产流动性、项目单件性、生产一次性、受自然条件影响大等特点，决定了工程项目质量具有以下特点。

（一）影响因素多

影响工程项目质量的因素是多方面的，如人的因素、机械因素、材料因素、方法因素、环境因素等均直接或间接地影响着工程项目质量。尤其是水利水电工程项目主体工程的建设，一般由多家承包单位共同完成，故其质量形式较为复杂，影响因素多。

（二）质量波动大

由于工程建设周期长，在建设过程中易受到系统因素及偶然因素的影响，产品质量产生波动。

（三）质量变异大

由于影响工程质量的因素较多，任何因素的变异均会引起工程项目的质量变异。

（四）质量具有隐蔽性

由于工程项目实施过程中工序交接多、中间产品多、隐蔽工程多，取样数量受到各种因素、条件的限制，产生错误判断的概率增大。

（五）终检局限性大

建筑产品位置固定等自身特点使质量检验时不能解体、拆卸，所以在工程项目终检验收时难以发现工程内在的、隐蔽的质量缺陷。

此外，质量、进度和投资目标三者之间既对立又统一的关系，使工程质量受到投资、进度的制约。因此，应针对工程质量的特点严格控制质量，并将质量控制贯穿于项目建设的全过程。

三、工程项目质量控制的原则

在工程项目建设过程中，对其质量进行控制应遵循以下几项原则。

（一）质量第一原则

“百年大计，质量第一”，工程建设与国民经济的发展和人民生活的改善息息相关。工程质量的好坏直接关系到国家繁荣富强与否，关系到人民生命财产的安全与否，关系到子孙后代的幸福与否，所以必须树立强烈的“质量第一”的思想。

要确立质量第一的原则，必须弄清并且摆正质量和数量、质量和进度之间的关系。不符合质量要求的工程，数量和进度都将失去意义，也没有任何使用价值，而且数量越多、进度越快，国家和人民遭受的损失也将越大。因此，好中求多、好中求快、好中求省才是符合质量管理要求的质量水平。

（二）预防为主原则

对于工程项目的质量，我们长期以来采取事后检验的方法，认为只要严格检查就能保证工程质量，实际上这是远远不够的。我们应该从消极防守的事后检验变为积极预防的事先管理。因为好的建筑产品是好的设计、好的施工所产生的，不是检查出来的。必须在项目管理的全过程中，事先采取各种措施，消灭种种不符合质量要求的因素，以保证建筑产品质量。如果各质量因素（人、机、料、法、环）预先得到保证，工程项目的质量就有了可靠的基础。

（三）为用户服务原则

建设工程项目是为了满足用户的要求，尤其要满足用户对质量的要求。真正好的质量是用户完全满意的质量。进行质量控制，就是要把为用户服务的原则作为工程项目管理的出发点贯穿到各项工作中去。同时，要在项目内部树立“下道工序就是用户”的思想。各个部门、各种工作、各种人员都有先后的工作顺序，属于自己这道工序的工作一定要保证质量，凡达不到质量要求的不能交给下道工序，一定要使“下道工序”这个用户感到满意。

（四）用数据说话原则

质量控制必须建立在有效的数据基础之上，必须依靠能够确切反映客观实际的数字和资料，否则就谈不上科学管理。一切用数据说话，就需要用数理统计方法，对工程实体或工作对象进行科学的分析和整理，从而研究工程质量的波动情况，寻求影响工程质量的主次原因，采取改进质量的有效措施，掌握保证和提高工程质量的客观规律。

在很多情况下，我们评定工程质量虽然也按规范标准进行检测计量，也获得一些数据，但是这些数据往往不完整、不系统，没有按数理统计要求积累数据、抽样选点，所以难以汇总分析，有时只能统计加估计，抓不住质量问题，既不能完全表达工程的内在质量状态，也不能有针对性地进行质量教育，提高企业素质。所以，必须树立起“用数据说话”的意识，从积累的大量数据中找出控制质量的规律性，以保证工程项目的优质建设。

四、工程项目质量控制的任务

工程项目质量控制的任务就是根据国家现行的有关法规、技术标准和工程合同规定的工程建设各阶段质量目标实施全过程的监督管理。由于工程建设各阶段的质量目标不同，因此需要分别确定各阶段的质量控制对象和任务。

（一）工程项目决策阶段质量控制的任务

(1) 审核可行性研究报告是否符合国民经济发展的长远规划、国家经济建设的方针政策。

(2) 审核可行性研究报告是否符合工程项目建议书或业主的要求。

(3) 审核可行性研究报告是否具有可靠的基础资料和数据。

(4) 审核可行性研究报告是否符合技术经济方面的规范标准和定额等指标。

(5) 审核可行性研究报告的内容、深度和计算指标是否达到标准要求。

（二）工程项目设计阶段质量控制的任务

(1) 审查设计基础资料的正确性和完整性。

(2) 编制设计招标文件，组织设计方案竞赛。

(3) 审查设计方案的先进性和合理性，确定最佳设计方案。

(4) 督促设计单位完善质量保证体系，建立内部专业交底及专业会签制度。

(5) 进行设计质量跟踪检查，控制设计图纸的质量。在初步设计和技术设计阶段，主要检查生产工艺及设备的选型、总平面布置、建筑与设施的布置、采用的设计标准和主要技术参数；在施工图设计阶段，主要检查计算是否有错误、选用的材料和做法是否合理、标注的各部分设计标高和尺寸是否有错误、各专业设计之间是否有矛盾等。

（三）工程项目施工阶段质量控制的任务

施工阶段质量控制是工程项目全过程质量控制的关键环节。根据工程质量形成的时间，施工阶段的质量控制又可分为质量的事前控制、事中控制和事后控制，其中事前控制为重点控制。

1. 事前控制

(1) 审查承包商及分包商的技术资质。

(2) 协助承建商完善质量体系，包括完善计量及质量检测技术和手段等，同时对承包商的实验室资质进行考核。

(3) 督促承包商完善现场质量管理制度，包括现场会议制度、现场质量检验制度、质量统计报表制度和质量事故报告及处理制度等。

(4) 与当地质量监督站联系，争取其配合、支持和帮助。

(5) 组织设计交底和图纸会审，对某些工程部位应下达质量要求标准。

(6) 审查承包商提交的施工组织设计，保证工程质量具有可靠的技术措施。审核工程中采用的新材料、新结构、新工艺、新技术的技术鉴定书；对工程质量有重大影响的施工机械、设备，应审核其技术性能报告。

(7) 对工程所需原材料、构配件的质量进行检查与控制。

(8) 对永久性生产设备或装置，应按审批同意的设计图纸组织采购或订货，设备和装置到场后应进行检查验收。

(9) 对施工场地进行检查验收。检查施工场地的测量标桩、建筑物的定位放线以及高程水准点，重要工程还应复核，落实现场障碍物的清理、拆除等。

（10）把好开工关。对现场各项准备工作检查合格后方可发开工令；停工的工程未发复工令者不得复工。

2. 事中控制

（1）督促承包商完善工序控制措施。工程质量是在工序中产生的，工序控制对工程质量起着决定性的作用。应把影响工序质量的因素都纳入控制状态中，建立质量管理点，及时检查和审核承包商提交的质量统计分析资料和质量控制图表。

（2）严格工序交接检查。主要工作作业包括隐蔽作业需按有关验收规定经检查验收后，方可进行下一工序的施工。

（3）重要的工程部位或专业工程（如混凝土工程）要做试验或技术复核。

（4）审查质量事故处理方案，并对处理效果进行检查。

（5）对完成的分项分部工程，按相应的质量评定标准和办法进行检查验收。

（6）审核设计变更和图纸修改。

（7）按合同行使质量监督权和质量否决权。

（8）组织定期或不定期的质量现场会议，及时分析、通报工程质量状况。

3. 事后控制

（1）审核承包商提供的质量检验报告及有关技术性文件。

（2）审核承包商提交的竣工图。

（3）组织联动试车。

（4）按规定的质量评定标准和办法，进行检查验收。

（5）组织项目竣工总验收。

（6）整理有关工程项目质量的技术性文件，并编目、建档。

（四）工程项目保修阶段质量控制的任务

（1）审核承包商的工程保修书。

（2）检查、鉴定工程质量状况和工程使用情况。

（3）对出现的质量缺陷确定责任者。

（4）督促承包商修复缺陷。

（5）在保修期结束后，检查工程保修状况，移交保修资料。

五、工程项目质量影响因素的控制

在工程项目建设的各个阶段，影响工程项目质量的主要因素就是“人、机、料、法、环”五大方面。为此，应对这五个方面的因素进行严格控制，以确保工程项目建设的质量。

（一）对人的因素的控制

人是工程质量的控制者，也是工程质量的创造者。工程质量的好与坏，与人的因素是密不可分的。控制人的因素，即调动人的积极性、避免人的失误等，是控制工程质量的关键因素。

1. 领导者的素质

领导者是具有决策权力的人，其整体素质是决定工作质量和工程质量好坏的关键。因此，在对承包商进行资质认证和选择时一定要考核领导者的素质。

2. 人的理论和技术水平

人的理论水平和技术水平是人的综合素质的表现，它直接影响工程项目质量，尤其是技术复杂、操作难度大、要求精度高、工艺新的工程对人员素质要求更高，否则工程质量就很难保证。

3. 人的生理缺陷

根据工程施工的特点和环境，应严格控制人的生理缺陷，如患有高血压、心脏病等疾病的人，不能从事高空作业和水下作业；反应迟钝、应变能力差的人，不能操作快速运行、动作复杂的机械设备等，否则将影响工程质量，引起安全事故。

4. 人的心理行为

影响人的心理行为因素很多，而人的心理因素如疑虑、畏惧、抑郁等很容易使人产生愤怒、怨恨等情绪，使人的注意力转移，由此引发质量、安全事故。所以，在审核企业的资质水平时，要注意企业职工的凝聚力如何、职工的情绪如何，这也是选择企业的一条标准。

5. 人的错误行为

人的错误行为是指人在工作场地或工作中吸烟、打盹儿、错视、错听、误判断、误动作等，这些都会影响工程质量或造成质量事故。所以，在有危险的工作场所，应严格禁止吸烟、嬉戏等。

6. 人的违纪违章

人的违纪违章是指施工人员的粗心大意、注意力不集中、不履行安全措施等不良行为，会对工程质量造成损害，甚至引起工程质量事故。所以，在用人的问题上，应从思想素质、业务素质和身体素质等方面严格控制。

（二）对施工机械设备的控制

施工机械设备是工程建设不可缺少的设施。目前，工程建设的施工进度和施工质量都与施工机械关系密切。因此，在施工阶段必须对施工机械的性能、选型和使用操作等方面进行控制。

1. 机械设备的选型

机械设备的选型应因地制宜，在按照技术先进、经济合理、生产适用、性能可靠、使用安全、操作和维修方便等原则来选择施工机械。

2. 机械设备的主要性能参数

机械设备的性能参数是选择机械设备的主要依据，为满足施工的需要，在参数选择上可适当留有余地，但不能选择超出需要很多的机械设备，否则，容易造成经济上的不合理。机械设备的性能参数很多，要综合各参数，确定合适的施工机械设备。在这方面，要结合机械施工方案择优选择机械设备，要严格把关，不符合要求和有安全隐患的机械不准进场。

3. 机械设备的使用、操作要求

合理使用机械设备、正确地进行操行、是保证工程项目施工质量的重要环节，应贯彻“人机固定”的原则，实行定机、定人、定岗位的制度。操作人员必须认真执行各项规章制度，严格遵守操作规程，防止出现安全质量事故。

（三）对材料、构配件的质量控制

1. 材料质量控制的要点

（1）掌握材料信息，优选供货厂家。应掌握材料信息，优先选有信誉的厂家供货，对主要材料、构配件在订货前必须经监理工程师论证同意后才可订货。

（2）合理组织材料供应。应协助承包商合理地组织材料采购、加工、运输、储备。尽量加快材料周转，按质、按量、如期满足工程建设需要。

（3）合理地使用材料，减少材料损失。

（4）加强材料检查验收。用于工程上的主要建筑材料，进场时必须具备正式的出厂合格证和材质化验单，否则应做补检。工程中所有构配件必须具有厂家批号和出厂合格证。

凡是标志不清或质量有问题的材料，对质量保证资料有怀疑或与合同规定不相符的一

般材料，应进行一定比例的材料试验，并需要追踪检验。对于进口的材料和设备以及重要工程或关键施工部位所用材料，则应进行全部检验。

（5）重视材料的使用认证，以防错用或使用不当。

2. 材料质量控制的内容

材料质量的标准是用以衡量材料标准的尺度，并作为验收、检验材料质量的依据。其具体的材料标准指标可参见相关材料手册。

材料质量的检验目的是通过一系列的检测手段，将取得的材料数据与材料的质量标准相比较，用以判断材料质量的可靠性。

（1）材料质量的检验方法。

①书面检验。

书面检验是通过对提供的材料质量保证资料、试验报告等进行审核，取得认可方能使用。

②外观检验。

外观检验是对材料从品种、规格、标志、外形尺寸等进行直观检查，看有无质量问题。

③理化检验。

理化检验是借助试验设备和仪器对材料样品的化学成分、机械性能等进行科学的鉴定。

④无损检验。

无损检验是在不破坏材料样品的前提下，利用超声波、X射线、表面探伤仪等进行检测。

（2）材料质量检验程度。

材料质量检验程度分为免检、抽检和全检三种。

①免检。

免检就是免去质量检验工序。对有足够质量保证的一般材料，以及实践证明质量长期稳定而且质量保证资料齐全的材料，可予以免检。

②抽检。

抽检是按随机抽样的方法对材料抽样检验。如对材料的性能不清楚，对质量保证资料有怀疑，或对成批生产的构配件，均应按一定比例进行抽样检验。

③全检。

对进口的材料、设备和重要工程部位的材料，以及贵重的材料，应进行全部检验，以确保材料和工程质量。

（3）材料质量检验项目。

材料质量检验项目可分为一般检验项目和其他检验项目。

（4）材料质量检验的取样。

材料质量检验的取样必须具有代表性，也就是所取样品的质量应能代表该批材料的质量。在采取试样时，必须按规定的部位、数量及采选的操作要求进行。

（5）材料抽样检验的判断。

抽样检验是对一批产品（个数为 m）一次抽取 n 个样品进行检验，用其结果来判断该批产品是否合格。

（6）材料的选择和使用要求。

材料的选择不当和使用不正确，会严重影响工程质量或造成工程质量事故。因此，在施工过程中，必须针对工程项目的特点和环境要求及材料的性能、质量标准、适用范围等多方面综合考察，慎重选择和使用材料。

（四）对方法的控制

对方法的控制主要是指对施工方案的控制，也包括对整个工程项目建设期内所采用的技术方案、工艺流程、组织措施、检测手段、施工组织设计等的控制。对一个工程项目而言，施工方案恰当与否直接关系到工程项目的质量，关系到工程项目的成败，所以应重视对方法的控制。这里说的方法控制，在工程施工的不同阶段其侧重点也不相同，但都是围绕确保工程项目质量这个纲。

（五）对环境因素的控制

影响工程项目质量的环境因素很多，有工程技术环境、工程管理环境、劳动环境等。环境因素对工程项目质量的影响复杂而且多变，因此应根据工程特点和具体条件，对影响工程项目质量的环境因素进行严格控制。

第二节 质量体系建立与运行

一、施工阶段的质量控制

（一）质量控制的依据

施工阶段的质量管理及质量控制的依据大体上可分为两类，即共同性依据及专门技术法规性依据。

共同性依据是指那些适用于工程项目施工阶段与质量控制有关的，具有普遍指导意义和必须遵守的基本文件，主要有工程承包合同文件、设计文件、国家和行业现行的有关质量管理方面的法律法规。

工程承包合同中分别规定了参与施工建设的各方在质量控制方面的权利和义务，并据此对工程质量进行监督和控制。

有关质量检验与控制的专门技术法规性依据是指针对不同行业、不同的质量控制对象而制定的技术法规性文件，主要包括：(1) 已批准的施工组织设计。它是承包单位进行施工准备和指导现场施工的规划性、指导性文件，详细规定了工程施工的现场布置、人员设备的配置、作业要求、施工工序和工艺、技术保证措施、质量检查方法和技术标准等，是进行质量控制的重要依据。(2) 合同中引用的国家和行业的现行施工操作技术规范、施工工艺规程及验收规范。它是维护正常施工的准则，与工程质量密切相关，必须严格遵守执行。(3) 合同中引用的有关原材料、半成品、配件方面的质量依据。如水泥、钢材、骨料等有关产品技术标准；水泥、骨料、钢材等有关检验、取样、方法的技术标准；有关材料验收、包装、标志的技术标准。(4) 制造厂提供的设备安装说明书和有关技术标准。这是施工安装承包人进行设备安装必须遵循的重要技术文件，也是进行检查和控制质量的依据。

（二）质量控制的方法

施工过程中的质量控制方法主要有旁站检查、测量、试验等。

1. 旁站检查

旁站检查是指有关管理人员对重要工序(质量控制点)的施工进行的现场监督和检查，

以避免质量事故的发生。旁站也是驻地监理人员的一种主要现场检查形式。根据工程施工难度及复杂性，可采用全过程旁站、部分时间旁站两种方式。对容易产生缺陷的部位，或产生了缺陷难以补救的部位，以及隐蔽工程，应加强旁站检查。

在旁站检查中，必须检查承包人在施工中所用的设备、材料及混合料是否符合已批准的文件要求，检查施工方案、施工工艺是否符合相应的技术规范。

2. 测量

测量是对建筑物的尺寸控制进行的重要手段。应对施工放样及高程控制进行核查，不合格者不准开工。对模板工程、已完工程的几何尺寸、高程、宽度、厚度、坡度等质量指标，按规定要求进行测量验收，不符合规定要求的需进行返工。测量记录均要事先经工程师审核签字后方可使用。

3. 试验

试验是工程师确定各种材料和建筑物内在质量是否合格的重要方法。所有工程使用的材料都必须事先经过材料试验，质量必须满足产品标准，并经工程师检查批准后方可使用。材料试验包括水源、粗骨料、沥青、土工织物等各种原材料的试验，不同等级混凝土的配合比试验，外购材料及成品质量证明和必要的试验鉴定，仪器设备的校调试验，加工后的成品强度及耐用性检验，工程检查等。没有试验数据的工程不予验收。

（三）工序质量监控

1. 工序质量监控的内容

工序质量监控主要包括对工序活动条件的监控和对工序活动效果的监控。

（1）工序活动条件的监控。

所谓工序活动条件监控，就是指对影响工程生产因素进行的控制。工序活动条件的控制是工序质量控制的手段。尽管在开工前对生产活动条件已进行了初步控制，但在工序活动中有的条件还会发生变化，使其基本性能达不到检验指标，这正是生产过程产生质量不稳定的重要原因。因此，只有对工序活动条件进行控制，才能达到对工程或产品的质量性能特性指标的控制。工序活动条件包括的因素较多，要通过分析分清影响工序质量的主要因素，抓住主要矛盾，逐渐予以调节，以达到质量控制的目的。

（2）工序活动效果的监控。

工序活动效果的监控主要反映在对工序产品质量性能的特征指标的控制上。通过对工序活动的产品采取一定的检测手段进行检验，根据检验结果分析、判断该工序活动的质量效果，从而实现对工序质量的控制。其具体步骤如下：首先是工序活动前的控制，主要要求人、材料、机械、方法或工艺、环境能满足要求；然后采用必要的手段和工具，对抽出的工序子样进行质量检验；应用质量统计分析工具（如直方图、控制图、排列图等）对检验所得的数据进行分析，找出这些质量数据所遵循的规律。根据质量数据分布规律的结果，判断质量是否正常；若出现异常情况，需要寻找原因，找出影响工序质量的因素，尤其是那些主要因素，采取对策和措施进行调整；再重复前面的步骤，检查调整效果，直到满足要求，这样便可达到控制工序质量的目的。

2. 工序质量监控实施要点

对工序质量监控，首先应确定质量控制计划，它以完善的质量监控体系和质量检查制度为基础。一方面，工序质量控制计划要明确规定质量监控的工作程序、流程和质量检查制度；另一方面，需进行工序分析，在影响工序质量的因素中，找出对工序质量产生影响的重要因素，进行主动的、预防性的重点控制。例如，在振捣混凝土这一工序中，振捣的插点和振捣时间是影响质量的主要因素。为此，应加强现场监督并要求施工单位严格予以控制。

同时，在整个施工活动中，应采取连续的动态跟踪控制，通过对工序产品的抽样检验，判定其产品质量波动状态，若工序活动处于异常状态，则应查出影响质量的原因，采取措施排除系统性因素的干扰，使工序活动恢复到正常状态，从而保证工序活动及其产品质量。此外，为确保工程质量，应在工序活动过程中设置质量控制点进行预控。

3. 质量控制点的设置

质量控制点的设置是进行工序质量预防控制的有效措施。质量控制点是指为保证工程质量而必须控制的重点工序、关键部位、薄弱环节。应在施工前全面、合理地选择质量控制点，并对设置质量控制点的情况及拟采取的控制措施进行审核。必要时，应对质量控制实施过程进行跟踪检查或旁站监督，以确保质量控制点的施工质量。

设置质量控制点的对象，主要有以下几个方面

（1）关键的分项工程。

如大体积混凝土工程、土石坝工程的坝体填筑、隧洞开挖工程等。

（2）关键的工程部位。

如混凝土面板堆石坝面板趾板及周边缝的接缝、土基上水闸的地基基础、预制框架结构的梁板节点、关键设备的设备基础等。

（3）薄弱环节。

薄弱环节指经常发生或容易发生质量问题的环节，或承包人无法把握的环节，或采用新工艺（材料）施工的环节等。

（4）关键工序。

关键工序如钢筋混凝土工程的混凝土振捣，灌注桩钻孔，隧洞开挖的钻孔布置、方

向、深度、用药量和填塞等。

（5）关键工序的关键质量特性

如混凝土的强度、耐久性，土石坝的干容重、黏性土的含水率等。

（6）关键质量特性的关键因素

如冬季混凝土强度的关键因素是环境（养护温度），支模的关键因素是支撑方法，泵送混凝土输送质量的关键因素是机械，墙体垂直度的关键因素是人，等等。

控制点的设置应准确有效，因此究竟选择哪些作为控制点，需要由有经验的质量控制人员进行选择。一般可根据工程性质和特点来确定。

4. 见证点、停止点的概念

在工程项目实施控制中，通常是由承包人在分项工程施工前制订施工计划时，就选定设置控制点，并在相应的质量计划中进一步明确哪些是见证点、哪些是停止点。所谓见证点和停止点是国际上对于重要程度不同及监督控制要求不同的质量控制对象的一种区分方式。见证点监督也称为“W 点监督”。凡是被列为见证点的质量控制对象，在规定的控制点施工前，施工单位应提前 24 小时通知监理人员在约定的时间内到现场进行见证并实施监督。如监理人员未按约定到场，施工单位有权对该点进行相应的操作和施工。停止点也称为“待检查点”或“H 点”，它的重要性高于见证点，是针对那些由于施工过程或工序质量不易或不能通过其后的检验和试验而充分得到论证的“特殊过程”或“特殊工序”而言的。凡被列入停止点的控制点，要求必须在该控制点来临之前 24 小时通知监理人员到场实验监控，如监理人员未能在约定时间内到达现场，施工单位应停止该控制点的施工，并按合同规定等待监理方，未经认可不能超过该点继续施工，如水闸闸墩混凝土结构在钢筋架立后、混凝土浇筑之前可设置停止点。

在施工过程中，应加强旁站和现场巡查的监督检查；严格实施隐蔽式工程工序间交接检查验收、工程施工预检等检查监督；严格执行对成品保护的质量检查。只有这样才能及早发现问题并及时纠正，防患于未然，确保工程质量，避免工程质量事故。

为了对施工期间的各分部、分项工程的各工序质量实施严密、细致和有效的监督、控制，应认真填写跟踪档案，即施工和安装记录。

（四）施工合同条件下的工程质量控制

工程施工是使业主及工程设计意图最终实现并形成工程实体的阶段，也是最终形成工程产品质量和工程项目使用价值的重要阶段。由此可见，施工阶段的质量控制不但是工程师的核心工作内容，也是工程项目质量控制的重点。

1. 质量检查（验）的职责和权力

施工质量检查（验）是建设各方质量控制必不可少的一项工作，它可以起到监督、控制质量，及时纠正错误，避免事故扩大，消除隐患等作用。

（1）承包商质量检查（验）的职责

提交质量保证计划措施报告。保证工程施工质量是承包商的基本义务。承包商应按ISO9000系列标准建立和健全所承包工程的质量保障计划，在组织上和制度上落实质量管理工作，以确保工程质量。

承包商质量检查（验）职责。根据合同规定和工程师的指示，承包商应对工程使用的材料和工程设备以及工程的所有部位及其施工工艺进行全过程的质量自检，并做好质量检查（验）记录，定期向工程师提交工程质量报告。同时，承包商应建立一套全部工程的质量记录和报表，以便工程师复核检验和日后发现质量问题时查找原因。当合同发生争议时，质量记录和报表还是重要的当时证据资料。

自检是检验的一种形式，它是由承包商自己来进行的。在合同环境下，承包商的自检包括：班组的“初检”；施工队的“复检”；公司的“终检”。自检的目的不仅在于判定被检验实体的质量特性是否符合合同要求，更为重要的是用于对过程的控制。因此，承包商的自检是质量检查（验）的基础，是控制质量的关键。为此，工程师有权拒绝对那些“三检”资料不完善或无“三检”资料的过程（工序）进行检验。

（2）工程师的质量检查（验）权力

按照我国有关法律法规的规定：工程师在不妨碍承包商正常作业的情况下，可以随时对作业质量进行检查(验)。这表明工程师有权对全部工程的所有部位及其任何一项工艺、材料和工程设备进行检查和检验，并具有质量否决权。具体内容包括：复核材料和工程设备的质量及承包商提交的检查结果；对建筑物开工前的定位定线进行复核签证，未经工程师签认不得开工；对隐蔽工程和工程的隐蔽部位进行覆盖前的检查（验），上道工序质量不合格的不得进入下一工序施工；对正在施工中的工程在现场进行质量跟踪检查（验），发现问题及时纠正；等等。

这里需要指出的是，承包商要求工程师进行检查（验）的意向，以及工程师要进行检查（验）的意向均应提前24小时通知对方。

2. 材料、工程设备的检查和检验

《水利水电土建工程施工合同条件》通用条款及技术条款规定，材料和工程设备的采购分两种情况：承包商负责采购的材料和工程设备；业主负责采购的工程设备，承包商负责采购的材料。

对材料和工程设备进行检查和检验时应区别对待以上两种情况。

（1）材料和工程设备的检验和交货验收。

对承包商采购的材料和工程设备，其产品质量承包商应对业主负责。材料和工程设备的检验和交货验收由承包商负责实施，并承担所需费用。具体做法：承包商会同工程师进行检验和交货验收，查验材质证明和产品合格证书。此外，承包商还应按合同规定进行材料的抽样检验和工程设备的检验测试，并将检验结果提交给工程师。工程师参加交货验收不能减轻或免除承包商在检验和验收中应负的责任。

对业主采购的工程设备，为了简化验交手续和避免重复装运，业主应将其采购的工程设备由生产厂家直接移交给承包商。为此，业主和承包商在合同规定的交货地点（如生产厂家、工地或其他合适的地方）共同进行交货验收，由业主正式移交给承包商。在交货验收过程中，业主采购的工程设备检验及测试由承包商负责，业主不必再配备检验及测试用的设备和人员，但承包商必须将其检验结果提交工程师，并由工程师复核签认检验结果。

（2）工程师检查或检验。

工程师和承包商应商定对工程所用的材料和工程设备进行检查或检验的具体时间和地点。通常情况下，工程师应到场参加检查或检验，如果在商定时间内工程师未到场参加检查或检验，且工程师无其他指示（如延期检查或检验），承包商可自行检查或检验，并立即将检查或检验结果提交给工程师。除合同另有规定外，工程师应在事后确认承包商提交的检查或检验结果。

对于承包商未按合同规定检查或检验材料和工程设备的，工程师指示承包商按合同规定补做检查或检验。此时，承包商应无条件地按工程师的指示和合同规定补做检查或检验，并应承担检查或检验所需的费用和可能带来的工期延误责任。

（3）额外检验和重新检验。

①额外检验。

在合同履行过程中，如果工程师需要增加合同中未做规定的检查和检验项目，工程师有权指示承包商增加额外检验，承包商应遵照执行，但应由业主承担额外检验的费用和工期延误责任。

②重新检验。

在任何情况下，如果工程师对以往的检验结果有疑问，有权指示承包商进行再次检验，即重新检验，承包商必须执行工程师指示，不得拒绝。“以往检验结果”是指已按合同规定要求得到工程师的同意，如果承包商的检验结果未得到工程师同意，则工程师指示承包商进行的检验不能称为重新检验，应为合同内检测。

重新检验带来的费用增加和工期延误责任的承担视重新检验结果而定。如果重新检验，结果证明这些材料、工程设备、工序不符合合同要求，则应由承包商承担重新检验的全部费用和工期延误责任；如果重新检验结果证明这些材料、工程设备、工序符合合同要求，则应由业主承担重新检验的费用和工期延误责任。

当承包商未按合同规定进行检查或检验，并且不执行工程师有关补做检查或检验和重新检验的指示时，工程师为了及时发现可能存在的质量隐患，减少可能造成的损失，可以指派自己的人员或委托其他人进行检查或检验，以保证质量。此时，不论检查或检验结果如何，工程师因采取上述检查或检验补救措施而造成的工期延误和增加的费用均应由承包商承担。

（4）不合格工程、材料和工程设备。

①禁止使用不合格材料和工程设备。

工程使用的一切材料、工程设备均应满足合同规定的等级、质量标准和技术特性。工程师在工程质量的检查或检验中发现承包商使用了不合格材料或工程设备时，可以随时发出指示，要求承包商立即改正，并禁止在工程中继续使用这些不合格的材料和工程设备。

如果承包商使用了不合格材料和工程设备，其造成的后果应由承包商承担责任，承包商应无条件地按工程师的指示进行补救。业主提供的工程设备经验收不合格的应由业主承担相应责任。

②不合格工程、材料和工程设备的处理。

a. 如果工程师的检查或检验结果表明承包商提供的材料或工程设备不符合合同要求，工程师可以拒绝接收，并立即通知承包商。此时，承包商除立即停止使用外，应与工程师共同研究补救措施。如果在使用过程中发现不合格材料，工程师应视具体情况，下达运出现场或降级使用的指示。b. 如果检查或检验结果表明业主提供的工程设备不符合合同要求，承包商有权拒绝接收，并要求业主予以更换。c. 如果因承包商使用了不合格材料和工程设备造成了工程损害，工程师可以随时发出指示，要求承包商立即采取措施进行补救，直至彻底清除工程的不合格部位及不合格材料和工程设备。d. 如果承包商无故拖延或拒绝执行工程师的有关指示，则业主有权委托其他承包商执行该项指示。由此而造成的工期延误和增加的费用由承包商承担。

3. 隐蔽工程

隐蔽工程和工程隐蔽部位是指已完成的工作面经覆盖后将无法事后查看的任何工程部位和基础。由于隐蔽工程和工程隐蔽部位的特殊性及重要性，因此没有工程师的批准，工程的任何部分均不得覆盖或使之无法查看。

对于将被覆盖的部位和基础在进行下一道工序之前，首先由承包商进行自检（“三检”），确认符合合同要求后，再通知工程师进行检查，工程师不得无故缺席或拖延，承包商通知时应考虑到工程师有足够的检查时间。工程师应按通知约定的时间到场进行检查，确认质量符合合同规定的要求，并在检查记录上签字后，才能允许承包商进入下一道工序，进行覆盖。承包商在取得工程师的检查签证之前，不得以任何理由进行覆盖，否则，承包商应承担因补检而增加的费用和工期延误责任。如果由于工程师未及时到场检查，承包商因等待或延期检查而造成工期延误，承包商有权要求延长工期和赔偿其停工、窝工等造成的损失。

4. 放线

（1）施工控制网。

工程师应在合同规定的期限内向承包商提供测量基准点、基准线和水准点及其书面资料。业主和工程师应对测量基准点、基准线和水准点的正确性负责。

承包商应在合同规定期限内完成测设自己的施工控制网，并将施工控制网资料报送工程师审批。承包商应对施工控制网的正确性负责。此外，承包商还应负责保管全部测量基准点和控制网点。工程完工后，应将施工控制网点完好地移交给业主。

工程师为了监理工作的需要，可以使用承包商的施工控制网，并不为此另行支付费用。此时，承包商应及时提供必要的协助，不得以任何理由加以拒绝。

（2）施工测量。

承包商应负责整个施工过程中的全部施工测量放线工作，包括地形测量、放样测量、断面测量、支付收方测量和验收测量等，并应自行配置合格的人员、仪器、设备和其他物品。

承包商在施测前，应将施工测量措施报告报送工程师审批。

工程师应按合同规定对承包商的测量数据和放样成果进行检查。工程师认为必要时还可指示承包商在工程师的监督下进行抽样复测，并修正复测中发现的错误。

5. 完工、保修和撤离

（1）完工验收。

完工验收指承包商基本完成合同中规定的工程项目后，业主接收前的交工验收，不是国家或业主对整个项目的验收。基本完成是指合同规定的工程项目不一定要全部完成，有些不影响工程使用的尾工项目，经工程师批准，可待验收后在保修期中去完成。

①完工验收申请报告。

当工程具备了下列条件，并经工程师确认时，承包商即可向业主和工程师提交完工验收申请报告，并附上完工资料。a. 除工程师同意可列入保修期完成的项目外，已完成了合同规定的全部工程项目。b. 已按合同规定备齐了完工资料，包括工程实施概况和大事记，已完工程（含工程设备）清单，永久工程完工图，列入保修期完成的项目清单，未完成的缺陷修复清单，施工期观测资料，各类施工文件、施工原始记录等。c. 已编制了在保修期内实施的项目清单和未修复的缺陷项目清单以及相应的施工措施计划。

②工程师审核。

工程师在接到承包商完工验收申请报告后的 28 天内进行审核并作出决定，或者提请业主进行工程验收，或者通知承包商在验收前尚应完成的工作和对申请报告的异议，承包商应在完成工作后或修改报告后重新提交完工验收申请报告。

③完工验收和移交证书。

业主在接到工程师提请进行工程验收的通知后，应在收到完工验收申请报告后 56 天内组织工程验收，并在验收通过后向承包商颁发移交证书。移交证书上应注明由业主、承包商、工程师协商核定的工程实际完工日期。此日期是计算承包商完工工期的依据，也是工程保修期的开始。从颁交证书之日起，照管工程的责任即应由业主承担，且在此后 14 天内，业主应将保留金总额的 50% 退还给承包商。

④分阶段验收和施工期运行。

水利水电工程中分阶段验收有两种情况：第一种情况是在全部工程验收前，某些单位工程，如船闸、隧洞等已完工，经业主同意可先行单独进行验收，验收通过后颁发单位工程移交证书，由业主先接管该单位工程。第二种情况是业主根据合同进度计划的安排，需提前使用尚未全部建成的工程，如大坝工程达到某一特定高程可以满足初期发电时，可对该部分工程进行验收，以满足初期发电要求。验收通过应签发临时移交证书。工程未完成部分仍由承包商继续施工。对通过验收的部分工程由于在施工期运行而使承包商增加了修复缺陷的费用，业主应给予适当的补偿。

⑤业主拖延验收。

如业主在收到承包商完工验收申请报告后，不及时进行验收，或在验收通过后无故不颁发移交证书，则业主应从承包商发出完工验收申请报告56天后的次日起承担照管工程的费用。

（2）工程保修。

①保修期（FIDIC 条款中称为“缺陷通知期”）。

工程移交前，虽然已通过验收，但是还未经过运行的考验，而且还可能有一些尾工项目和修补缺陷项目未完成，所以还必须有一段期间用来检验工程的运行情况，这就是保修期。水利水电土建工程保修期一般为一年，从移交证书中注明的全部工程完工日期开始起算。在全部工程完工验收前，业主已提前验收的单位工程或部分工程若未投入正常运行，其保修期仍按全部工程完工日期起算；若验收后投入正常运行，其保修期应从该单位工程或部分工程移交证书上注明的完工日期起算。

②保修责任。

a. 保修期内，承包商应负责修复完工资料中未完成的缺陷修复清单所列的全部项目。b.保修期内如发现新的缺陷和损坏，或原修复的缺陷又遭损坏，承包商应负责修复。至于修复费用由谁承担，需视缺陷和损坏的原因而定，由于承包商施工中的隐患或承包商其他原因造成的，应由承包商承担；若由于业主使用不当或业主其他原因所致，则由业主承担。

保修责任终止证书（F1DIC 条款中称为“履约证书”）。在全部工程保修期满，且承包商不遗留任何尾工项目和缺陷修补项目，业主或授权工程师应在 28 天内向承包商颁发保修责任终止证书。

保修责任终止证书的颁发，表明承包商已履行了保修期的义务，工程师对其满意，也表明了承包商已按合同规定完成了全部工程的施工任务，业主接受了整个工程项目。但此时合同双方的财务账目尚未结清，可能有些争议还未解决，故并不意味着合同已履行结束。

（3）清理现场与撤离。

圆满完成清场工作是承包商进行文明施工的一个重要标志。一般而言，在工程移交证书颁发前，承包商应按合同规定的工作内容对工地进行彻底清理，以便业主使用已完成的工程。经业主同意后也可留下部分清场工作在保修期满前完成。

承包商应按下列工作内容对工地进行彻底清理，并需经工程师检验，直合格为止：工程范围内残留的垃圾已全部焚毁、掩埋或清理出场；临时工程已按合同规定拆除，场地已按合同要求清理和平整；承包商设备和剩余的建筑材料已按计划撤离工地，废弃的施工设备和材料亦已清除；施工区内的永久道路和永久建筑物周围的排水沟道均已按合同图纸要求和工程师指示进行疏通和修整；主体工程建筑物附近及其上、下游河道中的施工堆积物，已按工程师的指示予以清理。

此外，在全部工程的移交证书颁发后42天内，除了经工程师同意，由于保修期工作需要留下部分承包商人员、施工设备和临时工程外，承包商的队伍应撤离工地，并做好环境恢复工作。

二、全面质量管理的基本概念

全面质量管理（TQM）是企业管理的中心环节，是企业管理的纲，它和企业的经营目标是一致的。这就要求企业将生产经营管理和质量管理有机地结合起来。

（一）全面质量管理的基本概念

全面质量管理是以组织全员参与为基础的质量管理模式，它代表了质量管理的最新阶段，全面质量管理是为了能够在最经济的水平上，并充分考虑到满足用户的要求的条件下进行市场研究、设计、生产和服务，把企业内各部门研制质量、维持质量和提高质量的活动构成为一体的一种有效体系。该理论经过世界各国的继承和发展，得到了进一步的扩展和深化。20世纪末的ISO9000族标准中对“全面质量管理”的定义为：一个组织以质量为中心，以全员参与为基础，目的在于通过让顾客满意和本组织所有成员及社会受益而达到长期成功的管理途径。

（二）全面质量管理的基本要求

1. 全过程的质量管理

任何一个工程（产品）的质量，都有一个产生、形成和实现的过程；整个过程是由多个相互联系、相互影响的环节所组成的，每一环节都或重或轻地影响着最终的质量状况。因此，要搞好工程质量管理，必须把形成质量的全过程和有关因素控制起来，形成一个综合的管理体系，做到以防为主、防检结合、重在提高。

2. 全员的质量管理

工程（产品）的质量是企业各方面、各部门、各环节工作质量的反映。每一环节、每一个人的工作质量都会不同程度地影响着工程（产品）最终质量。工程质量人人有责，只有人人都关心工程（产品）的质量，做好本职工作，才能生产出好质量的工程（产品）。

3. 全企业的质量管理

全企业的质量管理一方面要求企业各管理层次都要有明确的质量管理内容，各层次的侧重点要突出，每个部门还应有自己的质量计划、质量目标和对策，层层控制。另一方面就是要把分散在各部门的质量职能发挥出来。如水利水电工程中的“三检制”，就充分反映了这一观点。

4. 多方法的管理

影响工程质量的因素越来越复杂：既有物质的因素，又有人为的因素；既有技术因素，又有管理因素；既有内部因素，又有企业外部因素。要搞好工程质量，就必须把这些影响因素控制起来，分析它们对工程质量的不同影响。灵活运用各种现代化管理方法来解决工程质量问题。

（三）全面质量管理的基本指导思想

1. 质量第一、以质量求生存

任何产品都必须达到所要求的质量水平，否则就没有或未实现其使用价值，从而给消费者、给社会带来损失。从这个意义上讲，质量必须是第一位的。贯彻“质量第一”就要求企业全员，尤其是领导层，要有强烈的质量意识；要求企业在确定质量目标时，首先应根据用户或市场的需求，科学地确定质量目标，并安排人力、物力、财力予以保证。当质量与数量、社会效益与企业效益、长远利益与眼前利益发生矛盾时，应把质量、社会效益和长远利益放在首位。

“质量第一”并非“质量至上”。质量不能脱离当前的市场水准，也不能不问成本一味地讲求质量。应该重视质量成本的分析，把质量与成本加以统一，确定最适合的质量。

2. 用户至上

在全面质量管理中，“用户至上”是一个十分重要的指导思想。“用户至上”就是要树立以用户为中心，为用户服务的思想。要使产品质量和服务质量尽可能满足用户的要求。产品质量的好坏最终应以用户的满意程度为标准。这里，所谓“用户”是广义的，不仅指产品出厂后的直接用户，而且指在企业内部，下道工序是上道工序的用户。如混凝土工程、模板工程的质量直接影响混凝土浇筑这一下道关键工序的质量。每道工序的质量不仅影响下道工序质量，还会影响工程进度和费用。

3. 质量是设计、制造出来的，而不是检验出来的

在生产过程中，检验是重要的，它可以起到不允许不合格品出厂的把关作用，同时还可以将检验信息反馈到有关部门。但影响产品质量好坏的真正原因并不在检验，而主要在于设计和制造。设计质量是先天性的，在设计的时候就已经决定了质量的等级和水平；而制造只是实现设计质量，是符合性质的。二者不可偏废，都应重视。

4. 强调用数据说话

强调用数据说话就是要求在全面质量管理工作中具有科学的工作作风，在研究问题时不能满足于一知半解和表面，对问题不仅有定性分析还尽量有定量分析，做到心中有“数”，这样才可以避免主观盲目性。

在全面质量管理中广泛地采用了各种统计方法和工具，其中用得最多的有“七种工具”，即因果图、排列图、直方图、相关图、控制图、分层法和调查表。常用的数理统计方法有回归分析、方差分析、多元分析、实验分析、时间序列分析等。

5. 突出人的积极因素

从某种意义上讲，在开展质量管理活动过程中，人的因素是最积极、最重要的因素。与质量检验阶段和统计质量控制阶段相比较，全面质量管理阶段格外强调调动人的积极因素的重要性。这是因为现代化生产多为大规模系统，环节众多，联系密切复杂，远非单纯靠质量检验或统计方法就能奏效的。必须调动人的积极因素，加强质量意识，发挥人的主观能动性，以确保产品和服务的质量。全面质量管理的特点之一就是全体人员参加的管理，“质量第一，人人有责”。

要增强质量意识，调动人的积极因素，一靠教育，二靠规范，需要通过教育培训和考核，同时还要依靠有关质量的立法以及必要的行政手段等各种激励及处罚措施。

（四）全面质量管理的工作原则

1. 预防原则

在企业的质量管理工作中，要认真贯彻预防为主的原则，凡事要防患于未然。在产品制造阶段应该采用科学方法对生产过程进行控制，尽量把不合格产品消灭在发生之前。在产品的检验阶段，不论是对最终产品或是在制品，都要及时反馈质量信息并认真处理。

2. 经济原则

全面质量管理强调质量，但无论质量保证的水平或预防不合格的深度都是没有止境的，必须考虑经济性，建立合理的经济界限，这就是所谓经济原则。因此，在产品设计制定质量标准时，在生产过程进行质量控制时，在选择质量检验方式为抽样检验或全数检验时等场合，都必须考虑其经济效益。

3. 协作原则

协作是大生产的必然要求。生产和管理分工越细，就越要求协作。一个具体单位的质量问题往往涉及许多部门，如无良好的协作是很难解决的。因此，强调协作是全面质量管理的一条重要原则，也反映了系统科学全局观点的要求。

4. 按照 PDCA 循环组织活动

PDCA 循环是质量体系活动所应遵循的科学工作程序，周而复始，内外嵌套，循环不止，以求质量不断提高。

（五）全面质量管理的运转方式

质量保证体系运转方式是按照计划（P）、执行（D）、检查（C）、处理（A）的管理循环进行的。它包括四个阶段和八个工作步骤。

1. 四个阶段

（1）计划阶段。

计划阶段是按使用者要求，根据具体生产技术条件，找出生产中存在的问题及其原因，拟定生产对策和措施计划。

（2）执行阶段。

执行阶段是按预定对策和生产措施计划，组织实施。

（3）检查阶段。

检查阶段是对生产成品进行必要的检查和测试，即把执行的工作结果与预定目标对比，检查执行过程中出现的情况和问题。

（4）处理阶段。

处理阶段是把经过检查发现的各种问题及用户意见进行处理。凡符合计划要求的予以肯定，成文标准化。对不符合设计要求和不能解决的问题，转入下一循环以进一步研究解决。

2. 八个步骤

（1）分析现状，找出问题，不能凭印象和表面作判断。结论要用数据表示。

（2）分析各种影响因素，要把可能因素一一加以分析。

（3）找出主要影响因素，要努力找出主要因素进行解剖，才能改进工作，提高产品质量。

（4）研究对策，针对主要因素拟定措施，制定计划，确定目标。

以上属 P 阶段工作内容。

（5）执行措施为 D 阶段的工作内容。

（6）检查工作成果，对执行情况进行检查，找出经验教训，为 C 阶段的工作内容。

（7）巩固措施，制定标准，把成熟的措施制成标准（规程、细则），形成制度。

（8）遗留问题转入下一个循环。

以上（7）和（8）为 A 阶段的工作内容。

3.PDCA 循环的特点

四个阶段缺一不可，先后次序不能颠倒。就好像一只转动的车轮，在解决质量问题中滚动前进逐步使产品质量提高。

企业的内部PDCA循环各级都有，整个企业是一个大循环，企业各部门又有自己的循环。大循环是小循环的依据，小循环又是大循环的具体和逐级贯彻落实的体现。

PDCA循环不是在原地转动，而是在转动中前进。每个循环结束，质量便提高一步。必须指出，质量的好坏反映了人们质量意识的强弱，也反映了人们对提高产品质量意义的认识水平。有了较强的质量意识，还应使全体人员对全面质量管理的基本思想和方法有所了解。这就需要开展全面质量管理，必须加强质量教育的培训工作，贯彻执行质量责任制并形成制度，持之以恒，才能使工程施工质量水平不断提高。

第三节　工程质量统计与分析

一、质量数据

利用质量数据和统计分析方法进行项目质量控制，是控制工程质量的重要手段。通常，通过收集和整理质量数据，进行统计分析比较，找出生产过程的质量规律，判断工程产品质量状况，发现存在的质量问题，找出引起质量问题的原因，并及时采取措施，预防和纠正质量事故，使工程质量始终处于受控状态。

质量数据是用以描述工程质量特征性能的数据。它是进行质量控制的基础，没有质量数据，就不可能有现代化的科学的质量控制。

（一）质量数据的类型

质量数据按其自身特征可分为计量值数据和计数值数据；按其收集目的可分为控制性数据和验收性数据。

1. 计量值数据

计量值数据是可以连续取值的连续型数据。如长度、质量、面积、标高等特征，一般都是可以用量测工具或仪器等量测，一般都带有小数。

2. 计数值数据

计数值数据是不连续的离散型数据。如不合格品数、不合格的构件数等，这些反映质量状况的数据是不能用量测器具来度量的，采用计数的办法，只能出现0、1、2等非负数的整数。

3. 控制性数据

控制性数据一般是以工序作为研究对象，是为分析、预测施工过程是否处于稳定状态而定期随机地抽样检验获得的质量数据。

4. 验收性数据

验收性数据是以工程的最终实体内容为研究对象，为分析、判断其质量是否达到技术标准或用户的要求，而采取随机抽样检验而获取的质量数据。

（二）质量数据的波动及其原因

在工程施工过程中常可看到在相同的设备、原材料、工艺及操作人员的条件下，生产的同一种产品的质量不同，反映在质量数据上，即具有波动性，其影响因素有偶然性因素和系统性因素两大类。偶然性因素引起的质量数据波动属于正常波动，偶然性因素是无法或难以控制的因素，所造成的质量数据的波动量不大，没有倾向性，作用是随机的，工程质量只有偶然性因素影响时，生产才处于稳定状态。由系统性因素造成的质量数据波动属于异常波动，系统性因素是可控制、易消除的因素，这类因素不经常发生，但具有明显的倾向性，对工程质量的影响较大。

质量控制的目的就是要找出出现异常波动的原因，即系统性因素是什么，并加以排除，使质量只受偶然性因素的影响。

（三）质量数据的收集

质量数据的收集总的要求应当是随机抽样，即整批数据中每一个数据都有被抽到的机会。常用的方法有随机法、系统抽样法、二次抽样法和分层抽样法。

（四）样本数据特征

为了进行统计分析和运用特征数据对质量进行控制，经常要使用许多统计特征数据。统计特征数据主要有均值、中位数、极值、极差、标准偏差、变异系数，其中均值、中位数表示数据集中的位置；极值、极差、标准偏差、变异系数表示数据的波动情况，即分散程度。

二、质量控制的统计方法简介

通过对质量数据的收集、整理和统计分析，找出质量的变化规律和存在的质量问题，提出进一步的改进措施，这种运用数学工具进行质量控制的方法是所有涉及质量管理的人员所必须掌握的，它可以使质量控制工作定量化和规范化。下面介绍几种在质量控制中常用的数学工具及方法。

（一）直方图法

1. 直方图的用途

直方图又称“频率分布直方图”，将产品质量频率的分布状态用直方图形来表示，根据直方图形的分布形状和与公差界限的距离来观察、探索质量分布规律，分析和判断整个生产过程是否正常。

利用直方图可以制定质量标准，确定公差范围，可以判明质量分布情况是否符合标准的要求。

2. 直方图的分析

直方图有以下几种分布形式。

（1）正常对称型。

正常对称型说明生产过程正常，质量稳定。

（2）锯齿型。

锯齿型的原因一般是分组不当或组距确定不当。

（3）孤岛型。

孤岛型的原因一般是材质发生变化或他人临时替班。

（4）绝壁型。

绝壁型一般是剔除下限以下的数据造成的。

（5）双峰型。

双峰型是把两种不同的设备或工艺的数据混在一起造成的。

（6）平峰型。

平峰型是生产过程中有缓慢变化的因素起主导作用。

3. 注意事项

（1）直方图属于静态的，不能反映质量的动态变化。

（2）画直方图时，数据不能太少，一般应大于 50 个数据，否则画出的直方图难以正确反映总体的分布状态。

（3）直方图出现异常时，应注意将收集的数据分层，然后画直方图。

（4）直方图呈正态分布时，可求平均值和标准差。

（二）排列图法

排列图法又称“巴雷特法”“主次排列图法”，是分析影响质量主要问题的有效方法，将众多的因素进行排列，主要因素就一目了然。

排列图法是由一个横坐标、两个纵坐标、几个长方形和一条曲线组成的。左侧的纵坐标是频数或件数，右侧纵坐标是累计频率，横轴则是项目或因素，按项目频数大小顺序在横轴上自左而右画长方形，其高度为频数，再根据右侧的纵坐标，画出累计频率曲线，该曲线也称“巴雷特曲线”。

（三）因果分析图法

因果分析图也叫“鱼刺图”“树枝图”，这是一种逐步深入研究和讨论质量问题的图示方法。在工程建设过程中，任何一种质量问题的产生，一般都是多种原因造成的，这些原因有大有小，把这些原因按照大小顺序分别用主干、大枝、中枝、小枝来表示，这样就可一目了然地观察出导致质量问题的原因，并以此为依据制定相应对策。

（四）管理图法

管理图也称“控制图”，它是反映生产过程随时间变化而变化的质量动态，即反映生产过程中各个阶段质量波动状态的图形。管理图利用上下控制界限，将产品质量特性控制在正常波动范围内，一旦有异常反映，通过管理图就可以发现，并及时处理。

（五）相关图法

产品质量与影响质量的因素之间常有一定的相互关系，但不一定是严格的函数关系，这种关系称为“相关关系”，可利用直角坐标系将两个变量之间的关系表达出来。相关图的形式有正相关、负相关、非线性相关和无相关。

第四节　工程质量事故的处理

工程建设项目不同于一般工业生产活动，其项目实施的一次性，生产组织特有的流动性、综合性，劳动密集性、协作关系的复杂性和环境的影响，均导致建筑工程质量事故具有复杂性、严重性、可变性及多发性的特点，事故是很难完全避免的。因此，必须加强组织措施、经济措施和管理措施的实施，严防事故发生，对发生的事故应调查清楚，按有关规定进行处理。

需要指出的是，不少事故开始时经常只被认为是一般的质量缺陷，容易被忽视。随着时间的推移，待认识到这些质量缺陷问题的严重性时，则往往处理起来就比较困难了，或难以补救，或导致建筑物失事。因此，除明显的不会有严重后果的缺陷外，对其他的质量问题均应分析，进行必要处理，并给出处理意见。

一、工程事故的分类

凡水利水电工程在建设中或完工后，由于设计、施工、监理、材料、设备、工程管理和咨询等方面造成工程质量不符合规程、规范和合同要求的质量标准，影响工程的使用寿命或正常运行，一般需做补救措施或返工处理的，统称为“工程质量事故”。日常所说的事故大多指施工质量事故。

在水利水电工程中，按对工程的耐久性和正常使用的影响程度，检查和处理质量事故对工期影响时间的长短以及直接经济损失的大小，将质量事故分为一般质量事故、较大质量事故、重大质量事故和特大质量事故。

一般质量事故是指对工程造成一定经济损失，经处理后不影响正常使用，不影响工程使用寿命的事故。小于一般质量事故的统称为“质量缺陷”。

较大质量事故是指对工程造成较大经济损失或延误较短工期，经处理后不影响正常使用，但对工程使用寿命有较大影响的事故。

重大质量事故是指对工程造成重大经济损失或延误较长工期，经处理后不影响正常使用，但对工程使用寿命有较大影响的事故。

特大质量事故是指对工程造成特大经济损失或长时间延误工期，经处理后仍对工程正常使用和使用寿命有较大影响的事故。

二、工程事故的处理方法

（一）事故发生的原因

工程质量事故发生的原因很多，最基本的还是人、机械、材料、工艺和环境几个方面的原因。一般可分直接原因和间接原因两类。

直接原因主要有人的行为不规范和材料、机械不符合规定状态。如设计人员不按规范设计、监理人员不按规范进行监理、施工人员违反规程操作等，属于人的行为不规范；又如水泥、钢材等某些指标不合格，属于材料不符合规定状态。

间接原因是指质量事故发生地的环境条件，如施工管理混乱、质量检查监督失职、质量保证体系不健全等。间接原因往往导致直接原因的发生。

事故原因也可从工程建设的参建各方来寻查，业主、监理、设计、施工和材料、机械、设备供应商的某些行为或各种方法也会造成质量事故。

（二）事故处理的目的

工程质量事故分析与处理的目的主要是：正确分析事故原因，防止事故恶化；创造正常的施工条件；排除隐患，预防事故发生；总结经验教训，区分事故责任；采取有效的处理措施，尽量减少经济损失，保证工程质量。

（三）事故处理的原则

质量事故发生后，应坚持“三不放过”的原则，即事故原因不查清不放过，事故主要责任人和职工未受到教育不放过，补救措施不落实不放过。

发生质量事故时应立即向有关部门（业主、监理单位、设计单位和质量监督机构等）汇报，并提交事故报告。

由质量事故而造成的损失费用，坚持事故责任是谁由谁承担的原则。如责任在施工承包商，则事故分析与处理的一切费用由承包商自己负责；施工中事故责任不在承包商，则承包商可依据合同向业主提出索赔；若事故责任在设计或监理单位，应按照有关合同条款给予相关单位必要的经济处罚；构成犯罪的，移交司法机关处理。

（四）事故处理的程序和方法

事故处理的程序是：

（1）下达工程施工暂停令；

（2）组织调查事故；

（3）事故原因分析；

（4）事故处理与检查验收；

（5）下达复工令。

事故处理的方法有以下两大类。

（1）修补。

这种方法适用于通过修补可以不影响工程的外观和正常使用的质量事故，此类事故是施工中多发的。

（2）返工。

这类事故严重违反规范或标准，影响工程使用和安全，且无法修补，必须返工。

有些工程质量问题，虽严重超过了规程、规范的要求，已具有质量事故的性质，但可针对工程的具体情况，通过分析论证，不需做专门处理，但要记录在案。如混凝土蜂窝、麻面等缺陷，可通过涂抹、打磨等方式处理；欠挖或模板问题使结构断面被削弱，经设计复核验算，仍能满足承载要求的，也可不做处理，但必须记录在案，并有设计和监理单位的鉴定意见。

第五节　工程质量评定与验收

一、工程质量评定

（一）质量评定的意义

工程质量评定是依据国家或部门统一制定的现行标准和方法，对照具体施工项目的质量结果，确定其质量等级的过程。其意义在于统一评定标准和方法，正确反映工程的质量，使之具有可比性；同时也考核企业等级和技术水平，促进施工企业提高质量。

工程质量评定以单元工程质量评定为基础，其评定的先后次序是单元工程、分部工程和单位工程。

工程质量的评定在施工单位（承包商）自评的基础上，由建设（监理）单位复核，报政府质量监督机构核定。

（二）评定依据

（1）国家与水利水电部门有关行业规程、规范和技术标准。

（2）经批准的设计文件、施工图纸、设计修改通知、厂家提供的设备安装说明书及有关技术文件。

（3）工程合同采用的技术标准。

（4）工程试运行期间的试验及观测分析成果。

（三）评定标准

1. 单元工程质量评定标准

单元工程质量等级按《水利水电工程施工质量检验与评定规程》(SL 176—2007)进行。当单元工程质量达不到合格标准时，必须及时处理，其质量等级按如下标准确定、

（1）全部返工重做的，可重新评定等级。

（2）经加固补强并经过鉴定能达到设计要求的，其质量只能评定为合格。

（3）经鉴定达不到设计要求，但建设（监理）单位认为能基本满足安全和使用功能要求的，可不补强加固，或经补强加固后；改变外形尺寸或造成永久缺陷的，经建设（监理）单位认为能基本满足设计要求的，其质量可按合格处理。

2. 分部工程质量评定标准

分部工程质量合格的条件是:

（1）单元工程质量全部合格;

（2）中间产品质量及原材料质量全部合格，金属结构及启闭机制造质量合格，机电产品质量合格。

分部工程优良的条件是:

（1）单元工程质量全部合格，其中有 50% 以上达到优良，主要单元工程、重要隐蔽工程及关键部位的单位工程质量优良，且未发生过质量事故;

（2）中间产品质量全部合格，其中混凝土拌和物质量达到优良，原材料质量、金属结构及启闭机制造质量合格，机电产品质量合格。

3. 单位工程质量评定标准

单位工程质量合格的条件是:

(1) 分部工程质量全部合格;

(2) 中间产品质量及原材料质量全部合格，金属结构及启闭机制造质量合格，机电产品质量合格;

(3) 外观质量得分率达 70% 以上;

(4) 施工质量检验资料基本齐全。

单位工程优良的条件是:

(1) 分部工程质量全部合格，其中有 70% 以上达到优良，主要分部工程质量优良，且未发生过重大质量事故;

(2) 中间产品质量全部合格，其中混凝土拌和物质量达到优良，原材料质量、金属结构及启闭机制造质量合格，机电产品质量合格;

(3) 外观质量得分率达 85% 以上;

(4) 施工质量检验资料齐全。

4. 工程质量评定标准

单位工程质量全部合格，工程质量可评为合格；若其中 50% 以上的单位工程优良，且主要建筑物单位工程质量优良，则工程质量可评为优良。

二、工程质量验收

（一）概述

工程验收是在工程质量评定的基础上，依据一个既定的验收标准，采取一定的手段来检验工程(产品)的特性是否满足验收标准的过程。水利水电工程验收分为分部工程验收、阶段验收、单位工程验收和竣工验收。按照验收的性质，可分为投入使用验收和完工验收。工程验收的目的是：检查工程是否按照批准的设计进行建设；检查已完工程在设计、施工、设备制造安装等方面的质量，并对验收遗留问题提出处理要求；检查工程是否具备运行或进行下一阶段建设的条件；总结工程建设中的经验教训，并对工程做出评价；及时移交工程，尽早发挥投资效益。

工程验收的依据是：有关法律、规章和技术标准，主管部门有关文件，批准的设计文件及相应的设计变更、修设文件，施工合同，监理单位签发的施工图纸和说明，设备技术说明书等。当工程具备验收条件时，应及时组织验收。未经验收或验收不合格的工程不得交付使用或进行后续工程施工。验收工作应相互衔接，不应重复进行。

工程进行验收时必须要有质量评定意见，阶段验收和单位工程验收应有水利水电工程质量监督单位的工程质量评价意见；竣工验收必须有水利水电工程质量监督单位的工程质量评定报告，竣工验收委员会在其基础上鉴定工程质量等级。

（二）工程验收的主要工作

1. 分部工程验收

分部工程验收应具备的条件是该分部工程的所有单元工程已经完建且质量全部合格。分部工程验收的主要工作是：鉴定工程是否达到设计标准；按现行国家或行业技术标准，评定工程质量等级；对验收遗留问题提出处理意见。分部工程验收的图纸、资料和成果是竣工验收资料的组成部分。

2. 阶段验收

根据工程建设需要，当工程建设达到一定关键阶段（如基础处理完毕、截流、水库蓄水、机组启动、输水工程通水等）时，应进行阶段验收。阶段验收的主要工作是：检查已完工程的质量和形象面貌；检查在建工程建设情况；检查待建工程的计划安排和主要技术措施落实情况，以及是否具备施工条件；检查拟投入使用工程是否具备运用条件；对验收遗留问题提出处理要求。

3. 完工验收

完工验收应具备的条件是所有分部工程已经完建并验收合格。完工验收的主要工作是：检查工程是否按批准设计完成；检查工程质量，评定质量等级，对工程缺陷提出处理要求；对验收遗留问题提出处理要求；按照合同规定，施工单位向项目法人移交工程。

4. 竣工验收

工程在投入使用前必须通过竣工验收。竣工验收应在全部工程完建后三个月内进行。进行验收确有困难的，经工程验收主持单位同意，可以适当延长期限。竣工验收应具备以下条件：工程已按批准设计规定的内容全部建成；各单位工程能正常运行；历次验收所发现的问题已基本处理完毕；归档资料符合工程档案资料管理的有关规定；工程建设征地补偿及移民安置等问题已基本处理完毕，工程主要建筑物安全保护范围内的迁建和工程管理土地征用已经完成；工程投资已经全部到位；竣工决算已经完成并通过竣工审计。

竣工验收的主要工作：审查项目法人“工程建设管理工作报告”和初步验收工作组“初步验收工作报告”；检查工程建设和运行情况；协调处理有关问题；讨论并通过“竣工验收鉴定书”。

第七章　水利水电工程管理的地位和作用

第一节　水利水电工程和水利工程管理的地位

一、我国水利工程在国民经济和社会发展中的地位

我国是水利大国，水利工程是抵御洪涝灾害、保障水资源供给和改善水环境的基础建设工程，在国民经济中占有非常重要的地位。水利工程在防洪减灾、粮食安全、供水安全、生态建设等方面起到了很重要的保障作用，其公益性、基础性、战略性毋庸置疑。各地要加强中小型水利项目建设，解决好用水“最后一公里”问题。因而水利工程在促进经济发展，保持社会稳定，保障供水和粮食安全，提高人民生活水平，改善人居环境和生态环境等方面具有极其重要的作用。

我们国家向来重视水利工程的建设，治水历史源远流长，一部中华文明史也就是中国人民的治水史。古人云：“治国先治水，有土才有邦。”水利的发展直接影响到国家的发展，治水是个历史性难题。历史上著名的治水英雄有大禹、李冰、王景等。他们的治水思想都闪耀着中国古人的智慧光华，在治水方面取得了卓越的成绩。人类进入 21 世纪，科学技术日新月异，为了根治水患，各种水利工程也相继开建。特别是 10 年来水利工程投资规模逐年加大，各地众多大型水利工程陆续上马，初步形成了防洪、排涝、灌溉、供水、发电等工程体系。由此可见，水利工程是支持国民经济发展的基础，其对国民经济发展的支撑能力主要表现为满足国民经济发展的资源性水需求，提供生产、生活用水，提供水资源相关的经济活动基础，如航运、养殖等，同时为国民经济发展提供环境性用水需求，发挥净化污水、容纳污染物、缓冲污染物对生态环境冲击等作用。如果以商品和服务划分，则水利工程为国民经济发展提供了经济商品、生态服务和环境服务等。

新中国成立以来，大规模水利工程建设取得了良好的社会效益和经济效益，水利事业的发展为经济发展和人民安居乐业提供了基本保障。

长期以来，洪水灾害是世界上许多国家都发生过的严重自然灾害之一，也是中华民族的心腹之患。由于中国水文条件复杂，水资源时空分布不均，与生产力布局不相匹配。独

特的国情水情决定了中国社会发展对科学的水利工程管理的需求，这包括防治水旱灾害的任务需求，水旱灾害几千年来始终是中华民族生存和发展的心腹之患；新中国成立后，国家投入大量人力、物力和财力对七大流域和各主要江河进行大规模治理。由于人类活动的长期影响，气候变化异常，水旱灾害交替发生，并呈现愈演愈烈的趋势。长期干旱，土地沙漠化现象日益严重，从而更加剧了干旱的形势。而随着经济社会的快速发展，水利建设进程加快，以三峡工程、南水北调工程为标志，一大批关系国计民生和经济发展的重点水利工程相继开工建设，我国已初步形成了大江大河大湖的防洪排涝工程体系，有效地控制了常遇洪水，抗御了大洪水和特大洪水，减轻了洪涝灾害损失，特别是确保黄河的岁岁安澜。总的来看，七大流域现有的防洪工程对占全国的三分之一的人口，四分之一的耕地，包括京、津、沪在内的许多重要城市，以及国家重要的铁路、公路干线都起到了安全保障作用。

水利工程之所以能够发挥如此重要的作用，与科学的水利工程管理密不可分。由此可见，水利工程管理在我国国民经济和社会发展中占据十分重要的地位。

二、我国水利工程管理在工程管理中的地位

工程管理是指为实现预期目标，有效地利用资源，对工程所进行的决策、计划、组织、指挥、协调与控制，是对具有技术成分的活动进行计划、组织、资源分配以及指导和控制的科学和艺术。工程管理的对象和目标是工程，是指专业人员运用科学原理对自然资源进行改造的一系列过程，可为人类活动创造更多便利条件。工程建设需要应用物理、数学、生物等基础学科知识，并在生产生活实践中不断总结经验。水利工程管理作为工程管理理论和方法论体系中的重要组成部分，既有与一般专业工程管理相同的共性，又有与其他专业工程管理不同的特殊性，其工程的公益性（兼有经营性、安全性、生态性等特征），使水利工程管理在工程管理体系中占有独特的地位。水利工程管理又是生态管理、低碳管理和循环经济管理，是建设“两型”社会的必要手段，可以作为我国工程管理的重点和示范，对我国转变经济发展方式、走可持续发展道路和建设创新型国家的影响深远。

水利工程管理是水利工程的生命线，贯穿于项目的始末，包含着对水利工程质量、安全、经济、适用、美观、实用等方面的科学、合理的管理，以充分发挥工程作用、提高使用效益。由于水利工程项目规模过大，施工条件比较艰难、涉及环节较多、服务范围较广、影响因素复杂、组成部分较多、功能系统较全，所以技术水平有待提高，在设计规划、地形勘测、现场管理、施工建筑阶段难免出现问题或纰漏。另外，由于水利设备处于水中作业，长期受到外界压力、腐蚀、渗透、融冻等各方面的影响，经过长时间的运作其磨损速度较快，所以需要通过管理进行完善、修整、调试，以更好地进行工作，确保国家和人民生命与财产的安全、社会的进步与安定、经济的发展与繁荣，因此水利工程管理具有重要性和责任性。

第二节 水利水电工程管理对社会发展的推动作用

随着工业化和城镇化的不断发展，科学的水利工程管理有利于增强防灾减灾能力，强化水资源节约保护工作，扭转听天由命的水资源利用局面，进而推动社会的发展。

一、对社会稳定的作用

水利工程管理有利于构建科学的防洪体系，而科学的防洪体系可减轻洪水的灾害，保障人民生命财产安全和社会稳定。全国主要江河初步形成了以堤防、河道整治、水库、蓄滞洪区等为主的工程防洪体系，在抗御历年发生的洪水中发挥了重要作用，有利于社会稳定。

社会稳定首先涉及的是人与人、不同社会群体、不同社会组织之间的关系。这种关系的核心是利益关系，而利益关系与分配密切相关，利益分配是否合理是社会稳定与否的关键。分配问题是个大问题，当前，中国的社会分配出现了很大的问题，分配不公和收入差距拉大已经成为不争的事实，是导致社会不稳定的基础性因素。而科学的水利工程管理，有利于水利工程的修建与维护，有利于提高水利工程沿岸居民的收入水平，有利于缩小贫富差距，改善分配不均的局面，进而有利于维护社会稳定。其次，科学的水利工程管理有助于构建社会稳定风险系统控制体系，从而将社会稳定风险降到最低，进而保障社会稳定。由于水利工程本来就是大型国家民生工程，其具有失事后果严重、损失大的特点，而水情又是难以控制的。一般水利工程都是根据百年一遇洪水设计的，而无法排除是否会遇到更大设计流量的洪水，当更大流量洪水发生时，所造成的损失必然是巨大的，也必然会引发社会稳定问题，而科学的水利工程管理可以将损失降到最低。同时，水利工程的修建可能会造成大量移民，而这部分背井离乡的人是否能得到妥善安置也与社会稳定与否息息相关，此时必然得依靠科学的水利工程管理。

大型水利工程的移民促进了汉族与少数民族之间的经济、文化交流，促进了内地和西部少数民族的平等、团结、互助、合作、共同繁荣的谁也离不开谁的新型民族关系的形成。工程是文化的载体，而水利工程文化是其共同体在工程活动中所表现或体现出来的各种文化形态的集结或集合，水利工程在工程活动中则会形成共同的风格、共同的语言、共同的办事方法及存在着共同的行为规则。作为规则，水利工程活动则包含着决策程序、审美取向、验收标准、环境和谐目标、建造目标、施工程序、操作守则、生产条例、劳动纪律等，这些规则促进了水利工程文化的发展，哲学家将其上升为哲理并用以指导人们的水利工程活动。李冰在修建都江堰水利工程的同时，也修建了中华民族治水文化的丰碑，是中华民族治水哲学的升华。都江堰水利工程是一部水利工程科学全书，它包含系统工程学、流体力学、生态学，体现了尊重自然、顺应自然规律并把握其规律的哲学理念。它留下的“治水”三字经、八字箴言如“深淘滩、低作堰”“遇弯截角、逢正抽心”至今仍是水利工程活动的主导哲学思想，其哲学思想促进了民族同胞的交流，促进了民族大团结。再者，水利工程能发挥综合的经济效益，给社会经济的发展提供强大的清洁能源支持，为养殖、旅游、灌溉、防洪等提供条件，从而提高相关区域居民的物质生活条件，促进社会稳定。概括起来，水利工程管理对社会稳定的作用包括以下三点。

第一，水利工程管理为社会提供了安全保障。水利工程最初的一个作用就是可以进行防洪，减少水患的发生。依据以往的资料记载，我国的洪水主要是发生在长江、黄河、松花江、珠江以及淮河等河流的中下游平原地区，水患的发生不仅仅影响到社会经济的健康发展，同时对人民群众的安全也会造成一定的影响。通过在河流的上游兴建水库，在河流的下游扩大排洪，使这些河流的防洪能力得到了很好的提升。随着经济社会的快速发展，水利建设进程加快，以三峡、“南水北调”工程为标志，一大批关系国计民生的重点水利工程相继进入建设、使用和管理阶段。当前，我国已初步形成了大江大河大湖的防洪排涝工程体系，有效地控制了常遇洪水，抗御了大洪水和特大洪水，减轻了洪涝灾害损失，特别是确保黄河的岁岁安澜。总的来看，七大江河现有的防洪工程对占全国三分之一的人口，四分之一的耕地，包括京、津、沪在内的许多重要城市，以及国家重要的铁路、公路干线都起到了安全保障作用。

第二，水利工程管理有助于促进农业生产。水利工程对农业有着直接的影响，通过兴修水利，可以使农田得到灌溉，农业生产的效率得到提升，促进农民丰产增收。灌溉工程为农业发展，特别是粮食稳产、高产创造了有利的前提条件，奠定了农业长期稳步发展的基础，巩固了农业在国民经济发展中的基础地位。虽然我国人口众多，但是因为水利工程的兴建与管理使得土地灌溉的面积大大的增加，这使得全国人民的基本口粮得到了满足，为解决我国 14 亿人口的穿衣吃饭问题发挥了不可代替的作用。

第三，水利工程管理有助于提高城乡人民生产生活水平。大量蓄水、引水、提水工程有效地提升了我国水资源的调控能力和城乡供水保障能力。水利工程管理向城乡提供清洁的水源，有效地推动了社会经济的健康发展，保障了人民群众的生活质量，也在一定程度上促进了经济和社会的健康发展。另外，在扶贫方面，大多数水利工程，特别是大型水利枢纽的建设地点多数选在高山峡谷、人烟稀少地区，水利枢纽的建设大大加速了地区经济和社会的发展进程，甚至会出现跨越式发展。我国的小水电建设还解决了山区缺电问题，不仅促进了农村乡镇企业发展和产业结构调整，还加快了老少边穷地区农牧民脱贫致富。

二、对和谐社会建设的推动作用

水利工程活动与社会的发展紧密相连，和谐社会的构建离不开和谐的水利工程活动。树立当代水利工程观，增强其综合集成意识，有益于和谐社会的构建。随着社会发展，社会系统与自然系统相互作用不断增强，水利工程活动不但对自然界造成影响，而且还会影响社会的运行发展。在水利工程活动过程中，会遇到各种不同的系统内外部客观规律的相互作用问题。如何处理它们之间的关系是水利工程研究的重要内容。因而，我们必须以当代和谐水利工程观为指导，树立水利工程综合集成意识，推动和谐社会的构建步伐。要使大型水利工程活动与和谐社会的要求相一致，就必须以当代水利工程观为指导协调社会规律、科学规律、生态规律，综合体现不同方面的要求，协调相互冲突的目标。摒弃传统的水利工程观念及其活动模式，探索当代水利工程观的问题，揭示大型水利工程与政治、经济、文化、社会、环境等相互作用的特点及规律。在水利工程规划、设计、实施中，运用科学的水利工程管理方式，化冲突为和谐，为和谐社会的构建做出水利工程实践方面的贡献。

人与自然和谐相处是社会和谐的重要特征和基本保障，而水利是统筹人与自然和谐的关键。人与水的关系直接影响人与自然的关系，进而会影响人与人的关系、人与社会的关系。如果生态环境受到严重破坏、人民的生产生活环境恶化，如果资源能源供应高度紧张、经济发展与资源能源矛盾尖锐，人与人的和谐、人与社会的和谐就无法实现，建设和谐社会就无从谈起。科学的水利工程管理以可持续发展为目标，尊重自然、善待自然、保护自然，严格按自然经济规律办事，坚持防洪抗旱并举，兴利除害结合，开源节流并重，量水而行，以水定发展，在保护中开发，在开发中保护，按照优化开发、重点开发、限制开发和禁止开发的不同要求，明确不同河流或不同河段的功能定位，实行科学合理开发，强化生态保护。在约束水的同时，必须约束人的行为；在防止水对人的侵害的同时，更要防止人对水的侵害；在对水资源进行开发、利用、治理的同时，更加注重对水资源的配置、节约和保护；从无节制的开源趋利、以需定供转变为以供定需，由“高投入、高消耗、高排放、低效益”的粗放型增长方式向“低投入、低消耗、低排放、高效益”的集约型增长方式转变；由以往的以经济增长为唯一目标，转变为经济增长与生态系统保护相协调，统筹考虑各种利弊得失，大力发展循环经济和清洁生产，优化经济结构，创新发展模式，节能降耗，保护环境；在以水利工程管理手段进一步规范和调节与水相关的人与人、人与社会的关系，实行自律式发展。科学的水利工程管理利于科学治水，在防洪减灾方面，给河流以空间，给洪水以出路，建立完善工程和非工程体系，合理利用雨洪资源，尽力减少灾害损失，保持社会稳定；在应对水资源短缺方面，协调好生活、生产、生态用水，全面建设节水型社会，大力提高水资源利用效率；在水土保持生态建设方面，加强预防、监督、治理和保护，充分发挥大自然的自我修复能力，改善生态环境；在水资源保护方面，加强水功能区管理，制定水源地保护监管的政策和标准，核定水域纳污能力和总量，严格排污权管理。依法限制排污，尽力保证人民群众饮水安全，进而推动和谐社会建设。概括起来，水利工程管理对和谐社会建设的作用为以下三点。

第一，水利工程管理通过改变供电方式有利于经济、生态等多方面和谐发展。

水力发电已经成为我国电力系统十分重要的组成部分。新中国成立之后，一大批大中型的水利工程的建设为生产和生活提供大量的电力资源，极大地方便了人民群众的生产生活，也在一定程度上改变了我国过度依赖火力发电的局面，这也有利于环境的改善。我国不管是水电装机的容量还是水利工程的发电量，都处在世界前列。特别是农村小水电的建设，有力地推动了农村地区乡镇企业的发展，为进行农产品的深加工、进行农田灌溉等做出了巨大的贡献。三峡工程、小浪底水利工程、二滩水利工程等一大批有着世界影响力的水利枢纽工程的建设，预示着我国水利发电建设已经进入了一个十分重要的阶段。

第二，水利工程管理有助于保护生态环境，促进旅游等第三产业发展。

水利建设为改善环境做出了积极贡献，其中水土保持和小流域综合治理改善了生态环境，水力发电的发展减少了环境污染，为改善大气环境做出了贡献，农村小水电不仅解决了能源问题，还为实施封山育林、恢复植被等创造了条件。另外，污水处理与回用、河湖保护与治理也有效地保护了生态环境。水利工程在建成之后，库区的风景区使得山色、瀑布、森林以及人文等紧密地融合在一起，呈现出一派山水林岛的和谐画面，是绝佳的旅游胜地。如举世瞩目的三峡工程在建设之后，也成为一个十分著名的旅游景点，吸引了大量的游客前往参观，感受三峡工程的魅力，这在很大程度上促进了旅游收益的提升，增加了当地群众的经济收入。

第三，水利工程管理具有多种附加值，有利于推动航运等相关产业发展。

水利工程管理在对水利工程进行设计规划、建设施工、运营、养护等管理过程中，有助于发掘水利工程的其他附加值，如航运产业的快速发展。内河运输一个十分重要的特点就是成本较低，通过水运可以增加运输量，降低运输的成本，满足交通发展的需要的同时促进经济的快速发展。水利工程的兴建与管理使内河运输得到了发展，长江的“黄金水道”正是在水利工程的不断完善和兴建的基础之上得到发展和壮大的。

第三节　水利水电工程管理对生态文明的促进作用

生态文明是人类文明发展的一个新的阶段，即工业文明之后的文明形态；生态文明是人类遵循人、自然、社会和谐发展这一客观规律而取得的物质与精神成果的总和；生态文明是以人与自然、人与人、人与社会和谐共生、良性循环、全面发展、持续繁荣为基本宗旨的社会形态。它以尊重和维护生态环境为主旨，以可持续发展为根据，以未来人类的继续发展为着眼点。这种文明观强调人的自觉与自律，强调人与自然环境的相互依存、相互促进、共处共融。300 年的工业文明以人类征服自然为主要特征。世界工业化的发展使征服自然的文化达到极致；一系列全球性生态危机说明地球再也没能力支持工业文明的继续发展。需要开创一个新的文明形态来延续人类的生存，这就是生态文明。如果说农业文明是黄色文明，工业文明是黑色文明，那么生态文明就是绿色文明。生态，指生物之间以及生物与环境之间的相互关系与存在状态，亦即自然生态。自然生态有着自在自为的发展规律，人类社会改变了这种规律，把自然生态纳入到人类可以改造的范围之内，这就形成了文明。生态文明是指人类遵循人、自然、社会和谐发展这一客观规律而取得的物质与精神成果的总和；是指以人与自然、人与人、人与社会和谐共生、良性循环、全面发展、持续繁荣为基本宗旨的文化伦理形态。

生态文明强调人的自觉与自律，强调人与自然环境的相互依存、相互促进、共处共融，既追求人与生态的和谐，也追求人与人的和谐，而且人与人的和谐是人与自然和谐的前提。可以说，生态文明是人类对传统文明形态，特别是工业文明进行深刻反思的成果，是人类文明形态和文明发展理念、道路和模式的重大进步。

科学的水利工程管理可以转变传统的水利工程活动运转模式，使水利工程活动更加科学有序，同时促进生态文明建设。若没有科学的水利工程理念作指导，水利工程会对水生态系统造成某种胁迫，如水利工程会造成河流形态的均一化和不连续化，引起生物群落多样性水平下降。科学合理的水利工程管理有助于减少上述现象的发生，尽量避免或减少水利工程所引起的一些后果。

若不考虑科学的水利工程管理，仅仅从水利工程出发，则势必会造成对生态的极大破坏。因为水利工程活动主要关注人对自然的改造与征服，忽视自然的自我恢复能力，忽略了过度开发自然会造成自然对人类的报复，既不考虑水利工程对社会结构及变迁的影响，也不考虑社会对水利工程的促进与限制。且在水利工程的决策、运行与评估的过程中，只考虑人的社会活动规律与生态环境的外在约束条件，未将其视为水利工程活动的内在因素。但运用科学的水利工程管理，可形成科学的水利工程理念。此时水利工程考虑的不再仅仅是人对自然的征服改造，它是在科学发展观的基础上，协调人与自然的关系，工程活动既考虑当代人的需要又考虑到后代人的需求，是和谐的水利工程。运用科学管理理念的水利工程转变了传统水利工程的粗放发展方式。运用科学水利工程管理理念的水利工程活动是一种集约式的工程活动，与当代的经济发展模式相适应，其具备较完善的决策、实施、评估等相关系统。运用科学水利工程管理理念的水利工程活动也会成为知识密集型、资源集约型的造物活动，具备更高的科技含量。再者，其在改造环境的同时保护环境，使生态环境能够可持续发展，将生态环境作为工程活动的外在约束条件，以生态因素作为水利工程的决策、运行、评估内在要素。

科学的水利工程管理对生态文明的促进作用主要体现在以下三个方面。

一、对资源节约的促进作用

节约资源是保护生态环境的根本之策，节约资源意味着价值观念、生产方式、生活方式、行为方式、消费模式等多方面的变革，涉及各行各业，与每个企业、单位、家庭、个人都有关系，需要全民积极参与。必须利用各种方式在全社会广泛培育节约资源意识，大力倡导珍惜资源、节约资源风尚，明确确立和牢固树立节约资源理念，形成节约资源的社会共识和共同行动，全社会齐心合力共同建设资源节约型、环境友好型社会。资源是增加社会生产和改善居民生活的重要支撑，节约资源的目的并不是减少生产和降低居民消费水平，而是使生产相同数量的产品只需消耗更少的资源，或者用相同数量的资源能够生产更多的产品、创造更高的价值，使有限的资源能更好地满足人民群众物质文化生活需要。只有通过资源的高效利用，才能实现这个目标。因此，转变资源利用方式，推动资源高效利用，是节约利用资源的根本途径。要通过科技创新和技术进步深入挖掘资源利用效率，促进资源利用效率不断提升，真正实现资源高效利用，努力用最小的资源消耗支撑经济社会发展。科学的水利工程管理，有助于完善水资源管理制度，加强水源地保护和用水总量管理，加强用水总量控制和定额管理。制定和完善江河流域水量分配方案，推进水循环利用，建设节水型社会，科学的水利工程管理可以促进水资源的高效利用，减少资源消耗。

我国经济社会快速发展和人民生活水平提高对水资源的需求与水资源时空分布不均以及水污染严重的矛盾，对建设资源节约型和环境友好型社会形成倒逼机制。人的命脉在田，在人口增长和耕地减少的情况下保障国家粮食安全对农田水利建设提出了更高的要求。水利工作需要正确处理经济社会发展和水资源的关系，全面考虑水的资源功能、环境功能和生态功能，对水资源进行合理开发、优化配置、全面节约和有效保护。水利面临的新问题需要有新的应对之策，而水利工程管理又是由问题倒逼而产生，同时又在不断解决问题中得以深化。

二、对环境保护的促进作用

从宇宙来看，地球是一个蔚蓝色的星球，地球的储水量是很丰富的，共有 14.5 亿立方千米之多，其 72% 的表面积覆盖水。但实际上，地球上 97.5% 的水是咸水，又咸又苦，不能饮用，不能灌溉，也很难在工业应用，能直接被人们生产和生活利用的水少得可怜，淡水仅有2.5%，而在淡水中，将近70%冻结在南极和格陵兰的冰盖中，其余的大部分是土壤中的水分或是深层地下水，难以供人类开采使用。江河、湖泊、水库等来源的水较易于开采，供人类直接使用，但其数量不足世界淡水的1%，约占地球上全部水的0.007%。全球淡水资源不仅短缺，而且地区分布极不平衡，而我国又是一个缺水严重的国家。扣除难以利用的洪水泾流和散布在偏远地区的地下水资源后，我国现实可利用的淡水资源量则更少，仅为11000亿立方米左右，人均可利用水资源量约为900立方米，并且其分布极不均衡。加强水资源的保护对环境保护起到促进性的作用，水利是现代化建设不可或缺的首要条件，是经济社会发展不可替代的基础支撑，当然也是生态环境改善不可分割的保障系统，其具有很强的公益性、基础性、战略性。

同时，科学的水利工程管理可以加快水力发电工程的建设，而水电又是一种清洁能源，水电的发展有助于减少污染物的排放，进而保护环境。水力发电相比于火力发电等传统发电模式在污染物排放方面有着得天独厚的优势。水力发电成本低，水力发电只是利用水流所携带的能量，无须再消耗其他动力资源；水力发电直接利用水能，几乎没有任何污染物排放。水电是清洁、环保、可再生能源，可以减少污染物的排放量，改善空气质量；还可以通过“以电代柴”有效地保护山林资源，提高森林覆盖率并且保持水土平衡。

一般情况下，地区性气候状况受大气环流控制，但修建大、中型水库及灌溉工程后，原先的陆地变成了水体或湿地，使局部地表空气变得较湿润，对局部小气候会产生一定的影响，主要表现在对降雨、气温、风和雾等气象因子的影响。而科学的水利工程管理就可以对地区的气候施加影响，因时制宜，因地制宜，利于水土保持。而水土保持是生态建设的重要环节，也是资源开发和经济建设的基础工程。科学的水利工程管理，可以快速控制水土流失，提高水资源利用率，通过促进退耕还林还草及封禁保护，加快生态自我修复，实现生态环境的良性循环，改善生产、生活和交通条件，为开发创造良好的建设环境，对于环境保护具有重要的促进作用。

大型水利工程通常既是一项具有巨大综合效益的水利枢纽工程，又是一项改造生态环境的工程。人工自然是人类为满足生存和发展需要而改造自然环境，建造一些生态环境工程。例如，三峡工程具有巨大的防洪效益，可以使荆江河段的防洪标准由十年一遇提高到百年一遇，即使遇到特大洪水，也可避免发生毁灭性灾害，这样就可以有效地减少洪水灾害对长江中游富庶的江汉平原和洞庭湖区生态环境的严重破坏。最重要的是可以避免人口的大量伤亡，避免洪灾带来的饥荒、救灾赈济和灾民安置等一系列社会问题，可减免洪灾对人们心理上造成的威胁，减缓洞庭湖淤积速度，延长湖泊寿命，还可改善中下游枯水期的时间。水电站与火电站相比，为国家节省大量原煤，可以有效地减轻对周围环境的污染，具有巨大的环境效益。可减轻因有害气体的排放而引起酸雨的危害。三峡工程还可使长江中下游枯水季节的流量显著增大，有利于珍稀动物——白鳍豚及其他鱼类安全越冬，减少因水浅而发生的意外死亡事故，还有利于减少长江口盐水上溯长度和入侵时间，减少上海市区人民吃“咸水”的时间。由此看来，三峡工程的生态环境效益是巨大的。水生态系统作为生态环境系统的重要部分，在物质循环、生物多样性、自然资源供给和气候调节等方面起到举足轻重的作用。

三、对农村生态环境改善的促进作用

促进生态文明是现代社会发展的基本诉求之一，建设社会主义新农村也要实现村容整洁，就必须加强农业水利工程建设，统筹考虑水资源利用、水土流失与污染等一系列问题及其防治措施，实现保护和改善农村生态环境的目的。水利工程管理是现代农业建设不可或缺的首要条件，是经济社会发展不可替代的基础支撑，是生态环境改善不可分割的保障系统，具有很强的公益性、基础性、战略性。加快水利工程发展，不仅事关农业农村发展，而且事关经济社会发展全局；不仅关系到防洪安全、供水安全、粮食安全，而且关系到经济安全、生态安全、国家安全。要把水利工程管理工作摆到党和国家事业发展更加突出的位置，着力加快农田水利工程建设和管理，推动水利工程管理实现跨越式发展。

水利工程管理对农村生态环境改善的促进作用可以具体归纳为以下几点。

1. 解决旱涝灾害

水资源作为人类生存和发展的根本，具有不可替代的作用，但是对于我国而言，由于不同气候条件的影响，水资源的空间分布极不均匀，南方水资源丰富，在雨季常常出现洪涝灾害，而北方水资源相对不足，常见干旱，这两种情况都在很大程度上影响了农业生产的正常进行，影响着人们的日常生产和生活。而水利工程管理可以有效地解决我国水资源分布不均的问题，解决旱涝灾害，促进经济的持续健康发展，如南水北调工程就是其中的代表性工程。

2. 改善局部生态环境

在经济发展的带动下，人们的生活水平不断提高，人口数量不断增加，对于资源和能源的需求也在不断提高，现有的资源已经无法满足人们的生产和生活需求。而通过水利工程的兴建和有效管理，不仅可以有效消除旱涝灾害，还可以对局部区域的生态环境进行改善，增加空气湿度，促进植被生长，为经济的发展提供良好的环境支持。

3. 优化水文环境

水利工程管理能够对水污染情况进行及时有效的治理，对河流的水质进行优化。以黄河为例，由于上游黄土高原的土地沙化现象日益严重，河流在经过时会携带大量的泥沙，产生泥沙的淤积和拥堵现象，而通过兴修水利工程，利用蓄水、排水等操作，可以大大增加下游的水流速度，对泥沙进行排泄，保证河道的畅通。

参考文献

[1] 苗兴皓，高峰 . 水利工程施工技术 [M]. 中国环境出版社，2017.

[2] 何俊，韩冬梅，陈文江 . 水利工程造价 [M]. 武汉：华中科技大学出版社，2017.

[3] 许登霞，张雁 . 黄河水利工程档案资料概览 [M]. 郑州：黄河水利出版社，2017.

[4] 李祥，雷宇，张文胜 . 水利工程 [M]. 天津：天津科学技术出版社，2017.

[5] 陈兰兰 . 水利工程测量 [M]. 北京：中国水利水电出版社，2017.

[6] 胡师云 . 水利工程施工测量 [M]. 成都：电子科技大学出版社，2017.

[7] 徐森国，夏栩，许进和 . 新能源与水利工程 [M]. 天津：天津科学技术出版社，2017.

[8] 吕大权，吕萍 . 小型水利工程 [M]. 北京：化学工业出版社，2017.

[9] 孙三民，李志刚，邱春 . 水利工程测量 [M]. 天津：天津科学技术出版社，2018.

[10] 王海雷，王力，李忠才 . 水利工程管理与施工技术 [M]. 北京：九州出版社，2018.

[11] 侯超 . 水利工程建设投资控制及合同管理实务 [M]. 郑州：黄河水利出版社，2018.

[12] 贺骥，张闻笛，吴兆丹 . 社会资本参与的大中型水利工程资产管理模式及机制研究 [M]. 南京：河海大学出版社，2018.

[13] 鲍宏喆 . 开发建设项目水利工程水土保持设施竣工验收方法与实务 [M]. 郑州：黄河水利出版社，2018.

[14] 姜忠峰，郭一飞 . 水利工程与环境保护 [M]. 北京：地质出版社，2018.

[15] 代德富，胡赵兴，刘伶 . 水利工程与环境保护 [M]. 天津：天津科学技术出版社，2018.

[16] 刘春艳，郭涛 . 水利工程与财务管理 [M]. 北京：北京理工大学出版社，2019.

[17] 姬志军，邓世顺 . 水利工程与施工管理 [M]. 哈尔滨：哈尔滨地图出版社，2019.

[18] 张云鹏，戚立强 . 水利工程地基处理 [M]. 北京：中国建材工业出版社，2019.

[19] 孙玉玥，姬志军，孙剑 . 水利工程规划与设计 [M]. 长春：吉林科学技术出版社，2019.

[20] 高喜永，段玉洁，于勉 . 水利工程施工技术与管理 [M]. 长春：吉林科学技术出版社，2019.

[21] 许建贵，胡东亚，郭慧娟 . 水利工程生态环境效应研究 [M]. 郑州：黄河水利出版

社，2019.

[22] 牛广伟 . 水利工程施工技术与管理实践 [M]. 北京：现代出版社，2019.

[23] 刘景才，赵晓光，李璇 . 水资源开发与水利工程建设 [M]. 长春：吉林科学技术出版社，2019.

[24] 梁建林，王飞寒，张梦宇 . 建设工程造价案例分析（水利工程）解题指导 [M]. 郑州：黄河水利出版社 .2020.

[25] 林雪松，孙志强，付彦鹏 . 水利工程在水土保持技术中的应用 [M]. 郑州：黄河水利出版社 .2020.

[26] 宋美芝，张灵军，张蕾 . 水利工程建设与水利工程管理 [M]. 长春：吉林科学技术出版社 .2020.

[27] 杜守建，周长勇 . 水利工程技术管理 [M]. 北京：中国水利水电出版社 .2020.

[28] 张雪锋 . 水利工程测量 [M]. 北京：中国水利水电出版社 .2020.

[29] 黄灵芝 . 水利工程模型试验 [M]. 北京：中国电力出版社 .2020.

[30] 崔洲忠 . 水利工程管理 [M]. 长春：吉林科学技术出版社 .2020.